Weerth Otto

Die Fauna des Neocomsandsteins im Teutoburger Walde

Band 2, Heft 1

Weerth Otto

Die Fauna des Neocomsandsteins im Teutoburger Walde
Band 2, Heft 1

ISBN/EAN: 9783744681971

Hergestellt in Europa, USA, Kanada, Australien, Japan

Cover: Foto ©berggeist007 / pixelio.de

Weitere Bücher finden Sie auf **www.hansebooks.com**

PALÆONTOLOGISCHE ABHANDLUNGEN

HERAUSGEGEBEN VON

W. DAMES und E. KAYSER.

ZWEITER BAND. HEFT 1.

DIE FAUNA

DES

NEOCOMSANDSTEINS IM TEUTOBURGER WALDE

VON

O. WEERTH.

MIT 11 TAFELN.

BERLIN.

DRUCK UND VERLAG VON G. REIMER.

1884.

Die Fauna des Neocomsandsteins im Teutoburger Walde.

Von

O. WEERTH in Detmold.

Die bedeutendsten Höhen des Teutoburger Waldes werden von einem in mächtige Bänke abgesonderten, bald weisslichen, bald gelb-bräunlichen, ziemlich grobkörnigen Sandsteine gebildet, der sich gleichsam als das Skelet des Gebirges, an das sich nördlich ältere und südlich jüngere Formationen anlehnen, durch die ganze Erstreckung des Gebirgszuges verfolgen lässt, und dessen Spuren sich noch bei Bentheim und in Holland (bei Losser in der Nähe von Oldenzaal) finden, nachdem der Teutoburger Wald als abgeschlossener selbstständiger Höhenzug bereits diesseits Rheine sein Ende erreicht hat.

Die geognostische Stellung dieses Sandsteins wurde zuerst von F. Roemer richtig erkannt. Früher, u. A. in A. Roemer's Kreidewerke, ist der Neocomsandstein als Quader aufgefasst, und das ist noch für neuere Autoren die Veranlassung gewesen, die dort aus demselben beschriebenen Petrefacten als der oberen Kreide angehörig anzusehen und sie z. B. mit Arten von Haldem zu identificiren. Dem gegenüber muss hervorgehoben werden, dass A. Roemer's Angabe „Quader des Hülses" oder „Quader des Teutoburger Waldes" sich auf den Hilssandstein bezieht.

F. Roemer lieferte in einer Reihe von Publicationen in den Jahren 1845—1854 (siehe unten den Literaturnachweis) den Beweis, dass der Sandstein des Teutoburger Waldes mit A. Roemer's Hilsbildungen in Hannover und Braunschweig, mit dem Neocom der Schweiz und Frankreich's und dem Lowergreensand England's gleichaltrig ist, und führte die Bezeichnung „Hilssandstein" für denselben ein.

Die in dem unten stehenden Literaturnachweis aufgeführten Abhandlungen von F. Roemer und die von v. Dechen enthalten über die Verbreitung, über die Lagerungsverhältnisse, petrographische Beschaffenheit u. s. w. dieses Vorkommens die eingehendsten Angaben, denen nichts wesentlich Neues hinzuzusetzen ist, so dass der Hinweis auf dieselben an dieser Stelle genügen dürfte.

Von den organischen Einschlüssen des Hilssandsteins ist bisher nur eine geringe Anzahl bekannt geworden. Wie erwähnt beschreibt A. Roemer in den „Versteinerungen des norddeutschen Kreidegebirges" einige (8) Arten, zwei weitere sind von Dunker im ersten Bande der Palaeontographica abgebildet und beschrieben, endlich haben Hosius und v. d. Marck die Pflanzenreste in ihrer Kreideflora Westphalens bearbeitet. Weitere Angaben über das Vorkommen von Petrefacten ohne eingehende oder ganz ohne Diagnose finden sich in den Abhandlungen von Geinitz, F. Roemer, v. Dechen, Schlüter und Wagener.

Im Folgenden gebe ich eine Zusammenstellung der mir bekannt gewordenen Publicationen, welche sich ausschliesslich oder theilweise mit dem Hilssandstein beschäftigen.

F. Hoffmann. 1830. Uebersicht der orographischen und geognostischen Verhältnisse des nordwestlichen Deutschlands.

A. Roemer. 1841. Die Versteinerungen des norddeutschen Kreidegebirges.

F. Roemer. 1845. Ein geognostischer Durchschnitt durch die Gebirgskette des Teutoburger Waldes. Neues Jahrbuch für Mineralogie etc. 1845. pag. 267.

F. Roemer. 1848. Ebendaselbst. 1848. pag. 786.

GEINITZ. 1849—1850. Das Quadersandsteingebirge oder Kreidegebirge in Deutschland.

F. ROEMER. 1850. Ueber die geognostische Zusammensetzung des Teutoburger Waldes zwischen Bielefeld und Rheine und der Hügelzüge von Bentheim. Neues Jahrbuch für Mineralogie etc. 1850. pag. 385.

GEINITZ. 1851. Ebendaselbst. 1851. pag. 62.

F. ROEMER. 1852. Ueber das Alter des Kreidesandsteins im südlichen Theile des Teutoburger Waldes. Ebendaselbst. 1852. pag. 185.

F. ROEMER. 1854. Die Kreidebildungen Westphalens. Eine geognostische Monographie. Zeitschr. d. deutschen geol. Gesellschaft. Bd. 6. pag. 99 ff.

DUNKER. 1854. Palaeontographica Bd. 1 pag. 130 und 324.

v. DECHEN. 1856. Der Teutoburger Wald. Eine geognostische Skizze. Verh. des nat. Ver. der pr. Rheinl. u. Westph. Bd. 13. pag. 331.

WAGENER. 1864. Petrefacten des Hilssandsteins im Teutoburger Walde. Verh. der nat. Ver. etc. Bd. 21. pag. 34.

SCHLÜTER. 1867. Die Schichten des Teutoburger Waldes bei Altenbeken. Zeitschr. d. deutsch. geol. Gesellschaft Bd. 18. pag. 53.

HOSIUS und v. D. MARCK. 1880. Die Flora der westphälischen Kreideformation. Palaeontographica. Bd. 26. pag. 80.

Die weiter unten von mir beschriebenen und abgebildeten Petrefacten stammen fast ausschliesslich aus dem westlich von der Dörenschlucht gelegenen Theile des Teutoburger Waldes. Der östliche Theil ist ausserordentlich arm an Versteinerungen, im westlichen dagegen liefert eine grosse Zahl von Steinbrüchen eine bald mehr, bald weniger reiche Ausbeute. Als besonders ausgezeichnete Fundstellen sind die Steinbrüche am Tönsberge bei Oerlinghausen, bei Lämmershagen, am Eheberge zwischen Oerlinghausen und Bielefeld und am Hohnsberg bei Iburg zu erwähnen; in zweiter Linie die Hünenburg bei Bielefeld, der Hemberg und die grosse Egge bei Halle, der Barenberg bei Borgholzhausen, der Hüls bei Hilter, der Dörenberg bei Iburg, der Hohlenberg bei Lengerich und endlich einige Steinbrüche bei Teklenburg. Der Barenberg, welcher zu der Zeit, als F. ROEMER ihn besuchte, Petrefacten in grosser Zahl und Mannigfaltigkeit lieferte, ist gegenwärtig, nachdem der Steinbruchbetrieb andere Schichten in Angriff genommen hat, ziemlich arm.

Die grösseren Petrefacten wie *Pecten crassitesta, Perna Mulleti, Ostrea Couloni*, die grossen Cephalopoden u. A. kommen vereinzelt in den Bänken des Sandsteins vor, die meisten kleineren Zweischaler, Cephalopoden und Gastropoden u. s. w. sind dagegen fast stets in knollenartigen Einlagerungen von Ei- bis Kopfgrösse und darüber enthalten. Diese Knollen bestehen in der Regel, wenn auch nicht immer, aus einem von der umgebenden Sandsteinmasse im Aussehen sowohl wie in der chemischen Zusammensetzung abweichenden Gesteine. Bald sind sie so hart und fest, dass sie dem Zerschlagen den allergrössten Widerstand entgegensetzen, und dann enthalten sie nur wenige organische Einschlüsse, einen Kruster, eine vereinzelte *Panopaea*, eine *Thetis*, ein *Cardium* oder dergleichen, bald sind sie weniger hart, bald so weich, dass man sie mit dem Messer bearbeiten und mit den Händen auseinanderbrechen kann. Ist das letztere der Fall, so ist die Zahl der darin steckenden Versteinerungen meistens ausserordentlich gross; einzelne Knollen von mässiger Grösse enthalten oft Hunderte von Steinkernen, von denen freilich nur ein geringer Procentsatz unversehrt herauszubekommen ist. Hier wurden die Schalen offenbar ehemals so dicht auf einander gepackt wie es möglich war, und nur die unvermeidlichen Zwischenräume sind mit Sand und anderem Versteinerungsmaterial, welches den Sand verkittet, wie Calciumcarbonat, Calciumphosphat, Ferrocarbonat und Ferrioxyd, ausgefüllt worden.

Fast sämmtliche vorgekommene Petrefacten sind schlecht erhalten. Von den Schalen der Conchiferen u. s. w. ist nur selten ein Rest zurückgeblieben; meistens sind sie vollständig ausgelaugt. Ausnahmsweise hat sich *Ostrea Couloni* mit Schale gefunden; *Lingula truncata* ist das einzige Fossil, von dem dieselbe regelmässig erhalten ist. Belemniten und Crinoideen haben ihre Spuren nur in Abdrücken hinterlassen: Löchern und Höhlen, aus denen der Kalkspath gänzlich verschwunden ist. Ein solcher Erhaltungszustand erschwert eine genaue Untersuchung natürlich sehr und macht eine sichere Bestimmung vielfach unmöglich. Besonders Gastropoden, deren Steinkerne für die Bestimmung unbrauchbar sind, und deren Abdrücke beim Zerschlagen des Gesteins meistens in mehrere unregelmässige Stücke zerfallen, machen Schwierigkeiten, ebenso die dickschaligen Conchiferen und Echiniden, während die meisten Conchiferen, Brachiopoden und Ammoniten, bei denen der

Steinkern die Form der Schale und ihre Ornamentirung mehr oder weniger genau wiedergiebt, der Untersuchung zugänglicher sind.

In manchen Fällen war es möglich, die Abdrücke der verschwundenen Schalen abzuformen und so ein besseres Bild der Form zu gewinnen, als es der Steinkern liefern kann; und eine kleine Zahl von Abbildungen, u. A. die fast sämmtlicher Gastropoden, sind nach solchen Abgüssen hergestellt; in anderen Fällen war auch das unmöglich, so dass auf eine Abbildung mancher Arten, auch wenn sie sicher als neue erkannt wurden, verzichtet werden musste. Die grössere Mehrzahl der Abbildungen stellt Steinkerne dar.

Bei der Beschreibung habe ich mich der Bequemlichkeit wegen der Terminologie bedient, wie sie bei Schalenexemplaren üblich ist, ohne in jedem einzelnen Falle ausdrücklich zu bemerken, dass es sich um Steinkerne handelt.

Das beschriebene Material habe ich fast ausschliesslich selbst gesammelt. Die Sammlung befindet sich im Museum des naturwissenschaftlichen Vereins zu Detmold. Einige wenige Arten stammen aus der ziemlich reichhaltigen, von F. Roemer zusammengebrachten Sammlung der Bergakademie zu Berlin, aus der Sammlung der Akademie zu Münster, in der besonders Petrefacten aus dem westlicheren Theile des Teutoburger Waldes vertreten sind, und aus der des Herrn Oberförster Wagener in Langenholzhausen. Dem zuletzt genannten Herrn sowie den Herren Geheimrath Hauchecorne und Professor Hosius, welche mir die betreffenden Sammlungen zugänglich machten, bin ich zu lebhaftem Danke verpflichtet. Anderweitige Sammlungen, welche Petrefacten des Hilssandsteins in grösserer Zahl enthielten, scheinen nicht vorhanden zu sein.

Verzeichniss
der beschriebenen Petrefacten.

Trochus biserialis n. sp.
  " triserialis n. sp.
  " Teutoburgiensis n. sp.
  " Oerlinghusanus n. sp.
Turbo Antonii n. sp.
Helcion cf. inflexum PICT. u. CAMP.
Dentalium cf. valangiense PICT. u. CAMP.

Lamellibranchlata.

Pholadomya alternans ROEM.
  " cf. gigantea SOW.
  " Meschii n. sp.
Goniomya caudata AG.
  " cf. Villersensis PICT. u. CAMP.
Panopaea irregularis D'ORB.
  " Dupiniana D'ORB.
  " neocomiensis (LEYM) D'ORB.
  " lateralis (AG.) PICT. u. CAMP.
  " sp. indet.
  " cylindrica PICT. u. CAMP.
  " Teutoburgiensis n. sp.
Thracia elongata ROEM.
  " Teutoburgiensis n. sp.
  " striata n. sp.
  " cf. neocomiensis (D'ORB.) PICT. u. CAMP.
  " sp. indet.
Tellina Cornueli D'ORB.
Venus neocomiensis n. sp.
Thetis minor SOW.
  " Renevieri DE LORIOL.
Isocardia Ebergensis n. sp.
Crassatella Teutoburgiensis n. sp.
Astarte numismalis D'ORB.
Lucina cf. Sanctae-Crucis PICT. u. CAMP.
Cardium Cottaldinum D'ORB.
  " Oerlinghusanum n. sp.
Trigonia scapha. AG.
  " sp. indet.
  " sp. indet.
Leda scapha D'ORB.
Nucula cf. planata DESH.
Arca lippiaca n. sp.
  " Raulini D'ORB.
Mytilus pulcherrimus (ROEM.) D'ORB.
  " simplex D'ORB.
Pinna Robinaldina D'ORB.
  " Ibergensis n. sp.
Perna Mulleti DESH.
Inoceramus Schlüteri n. sp.
Avicula Cornueliana D'ORB.

Avicula Teutoburgiensis n. sp.
Lima Tönsbergensis n. sp.
  " sp. indet.
  " cf. Dupiniana D'ORB.
  " Cottaldina n'ORB.
  " Ferdinandi n. sp.
Pecten striato-punctatus ROEM.
  " crassitesta ROEM.
  " Robinaldinus D'ORB.
  " Roemeri n. sp.
Janira atava (ROEM.) D'ORB.
Ostrea rectangularis ROEM.
  " macroptera SOW.
  " Couloni (DEFR.) D'ORB.
  " spiralis GOLDF.

Brachiopoda.

Lingula truncata SOW.
Rhynchonella multiformis ROEM.
Terebratula pseudojurensis LEYM.
  " hippopus ROEM.
  " faba SOW.
  " sp. indet.
  " Moutoniana D'ORB.
  " sella SOW.
  " Credneri WEERTH.
  " sp. indet.
  " sp. indet.

Annelida.

Serpula Phillipsii ROEM.
  " articulata SOW.

Echinoidea.

Cidaris punctata ROEM.
  " Fribourgensis DE LORIOL.
  " sp. indet.
Pseudodiadema sp. indet.
Psammechinus sp. indet.
Holectypus sp. indet.
Echinobrissus sp. indet.
Phyllobrissus Grosslyi (AG.) COTTEAU.
Collyrites ovulum (DES.) D'ORB.
Holaster Strombecki DESOR.
Echinospatangus cordiformis BREYN.

Crinoidea.

Pentacrinus neocomiensis DESOR.

Anthozoa.

Mirrabacia sp. indet.

I. Vertebrata.

Wirbelthierreste sind äusserst selten. Vereinzelt haben sich Fischwirbel verschiedener Grösse gefunden, von denen mitunter Reste der Knochenmasse erhalten sind. In anderen Fällen ist die letztere vollständig ausgelaugt, so dass bloss Höhlungen zurückgeblieben sind, in denen kegelförmige Hervorragungen einander gegenüberstehen.

Vorkommen: Tönsberg bei Oerlinghausen. Eheberg zwischen Oerlinghausen und Bielefeld.

II. Cephalopoda.

Belemnites AGR.

Reste von Belemniten sind im Hilssandstein ziemlich gemein, ihr Erhaltungszustand ist aber stets derart, dass eine exacte Bestimmung gänzlich unmöglich ist: cylindrische Löcher, in welche der Steinkern der Alveole hineinragt, sind die einzigen Spuren, welche von ihnen übrig geblieben sind. Indessen lässt sich wenigstens soviel mit Sicherheit erkennen, dass mindestens zwei verschiedene Arten vertreten sind, die eine, cylindrisch mit parallelen Seiten und stumpfer Spitze, mag dem *Belemnites subquadratus* ROEMER entsprechen, die andere, keulenförmig, lang und schmal, an der Basis gefurcht, erinnert an *Belemnites pistilliformis* BLAINV.

Vorkommen: Tönsberg bei Oerlinghausen. Lämmershagen, Eheberg zwischen Oerlinghausen und Bielefeld, Hohnsberg bei Iburg u. s. w.

Nautilus LINNÉ.

Von den vier *Nautilus*-Arten unseres Vorkommens gehören drei zur Gruppe der Radiaten, eine zu der der Laevigaten. Die Synonymie der Nautileen aus der ersten Gruppe ist sehr verwirrt (cf. PICTET und CAMPICHE, St. Croix I. pag. 116 ff.), und die mir vorliegenden Exemplare sind nicht geeignet zur Entwirrung derselben beizutragen, da mehrere für die Abgrenzung der Arten wichtige Merkmale, wie die Lage des Sipho und die Weite des Nabels sich der Beobachtung entziehen. PICTET bewahrt mit D'ORBIGNY und SHARPE die Namen *Nautilus Neckerianus*, *Nautilus pseudoelegans*, *Nautilus neocomiensis* und *Nautilus plicatus* für Arten des Neocom. Die drei letzteren glaube ich in den hiesigen Exemplaren wiederzufinden, indessen wird die Bestimmung durch die mangelhafte Erhaltung unsicher gemacht. Von Laevigaten ist meines Wissens bisher keine Art aus dem eigentlichen Neocom bekannt geworden. Da die in mehreren Exemplaren vorliegende Form dieser Gruppe auch mit keiner anderen cretaceischen Art verwechselt werden kann, so beschreibe ich sie als neue Art, obwohl sie nur im Steinkern erhalten ist.

Nautilus plicatus Sow.

FITTON, Geol. trans. Ser. II Vol. IV pag. 129.
Nautilus Requienianus D'ORB. Pal. fr. Ter. crét. I. pag. 72 t. 10.

Durchmesser 130 mm. Die übrigen Dimensionen konnten nicht genau festgestellt werden.

Aufgeblasen, mit breit gewölbter Externseite und gerundeten Flanken, die sich mit regelmässiger Krümmung nach dem Nabel umbiegen. Letzterer konnte nicht ganz freigelegt werden, ist aber jedenfalls sehr eng. Ausgezeichnet ist die Art durch die dichtstehenden, etwa 3 mm breiten Rippen, welche auf der Mitte der Externseite einen spitzen, nach hinten gerichteten Winkel von 27—37° mit fast geradlinig verlaufenden Schenkeln bilden. Etwa auf der Mitte der Flanken sind dieselben auf's Neue zu einem etwas offeneren Winkel umgeknickt, welcher seinen Scheitel nach vorn kehrt. Der von der Externseite kommende Schenkel dieses Winkels ist etwas convex, während der nach dem Nabel laufende, anfangs wenig concav, sich in der Nähe des Nabels mit regelmässiger Krümmung wieder nach vorn umbiegt.

Das einzige vorliegende Exemplar stimmt recht gut mit der Abbildung bei Fitton überein. Von der d'Orbigny'schen Form scheint es in den Dimensionen nicht unerheblich abzuweichen; es ist, wiewohl sich Spuren einer seitlichen Verdrückung nicht verkennen lassen, doch jedenfalls nicht so aufgeblasen, wie es die d'Orbigny'sche Abbildung zeigt. Damit steht auch der Umstand im Einklang, dass die Grösse des Winkels, den die Rippen auf der Externseite bilden, bei unserem Exemplar niemals 40° überschreitet, während d'Orbigny 55° angiebt. Endlich sind bei d'Orbigny die Grenzlinien der Kammerscheidewände stärker gebogen.

Gegenüber der charakteristischen Art der Berippung dürften derartige Abweichungen nicht zur Begründung einer neuen Art ausreichen.

Vorkommen: Tönsberg bei Oerlinghausen.

Sonstiges Vorkommen. Nautilus plicatus ist aus dem Lowergreensand und aus dem französischen Aption bekannt. Pictet erwähnt (St. Croix I. pag. 121), dass ein Nautilus mit analoger Anordnung der Rippen im französischen unteren Neocom vorkommt.

Nautilus cf. pseudoelegans d'Orb.

d'Orbigny. Pal. fr. Ter. crét. I. pag. 70 t. 8—9.
Pictet u. Campiche. Mat. II. St. Croix I. pag. 123 t. 14—14b.

Durchmesser etwas über 200 mm.

Steinkern von aufgeblasener Gestalt, scheinbar ungenabelt; genau lässt sich das indessen nicht erkennen. Die Externseite ist breit und flach, die Mündung nicht ganz doppelt so breit wie hoch. Die 4—6 mm breiten flachen Rippen wenden sich vom Nabel stark nach vorn, um sich bald wieder zurück zu biegen und auf der Externseite einen flachen Bogen von 110—120° Oeffnung zu beschreiben, in welchem sie ihre grösste Breite erreichen. Die Zwischenräume zwischen den Rippen sind schmaler als diese selbst. Auf der halben letzten Windung zählt man 32 Rippen; im Jugendzustande scheinen dieselben gefehlt zu haben, wenigstens lässt der verjüngte Theil der letzten Windung keinerlei Unebenheiten erkennen.

Der Erhaltungszustand lässt keine sichere Entscheidung darüber zu, ob die Art mit Nautilus pseudoelegans identisch ist; jedenfalls aber steht sie ihr sehr nahe.

Vorkommen: Lämmershagen bei Oerlinghausen.

Sonstiges Vorkommen: Lowergreensand von Wight; Neocom Frankreich's und der Schweiz.

Nautilus cf. neocomiensis d'Orb.

d'Orbigny. Pal. fr. Ter. crét. I. pag. 74 t. 11.
Pictet u. Campiche. Mat. II. St. Croix I. pag. 128 t. 15.

Das einzige vorliegende Bruchstück, dem die inneren Windungen ganz fehlen, hat eine Länge von 140 mm.

Der Steinkern ist seitlich stärker comprimirt als bei der vorigen Art, die Mündung ist mindestens ebenso hoch wie breit; auch die Zahl, Gestalt und Anordnung der Rippen ist eine wesentlich andere. Dieselben wenden sich vom Nabel nicht nach vorn, sondern verlaufen in radialer Richtung bis zur Mitte der Flanken, wenden sich dann nach hinten und bilden auf der Externseite einen nach vorn offenen Bogen von ungefähr 120°. Sie sind bedeutend schmaler als bei der vorigen Art — ihre Breite beträgt kaum irgendwo mehr als 2 mm — und ihre Zahl ist viel grösser.

Für die Uebereinstimmung unserer Art mit *Nautilus neocomiensis* spricht einerseits die comprimirte Gestalt, andererseits der Umstand, dass sich zwischen die vom Nabel ausgehenden im weiteren Verlauf secundäre Rippen einlagern, welche den Nabel nicht erreichen. Dagegen ist die Zahl der Rippen bei unserer Form jedenfalls bedeutend grösser — genaue Zahlenangaben sind unmöglich, da nur ein Theil der Wohnkammer erhalten ist.

Vorkommen: Dörenberg bei Iburg.

Sonstiges Vorkommen: Lowergreensand; mittleres Neocom in Frankreich und der Schweiz.

Nautilus hilseanus n. sp.

Taf. 1, Fig. 1—2.

Durchmesser 90 mm.

Kugelig aufgeblasen, Externseite und Flanken gleichmässig kreisförmig gerundet. Die Mündung ist fast doppelt so breit wie hoch (93 : 51), der Nabel eng (7 mm); auch bei beschalten Exemplaren war, wie der Abdruck zeigt, der Nabel offen. Die Kammerscheidewände stehen ziemlich dicht, auf dem letzten Umgange zählt man deren 18, ihre Grenzlinien sind schwach wellig gebogen und überschreiten die Externseite fast geradlinig. Der Sipho liegt der Internseite erheblich näher als der Externseite (22 : 40). Der Steinkern ist in allen Altersstadien vollkommen glatt, auch erhaltene Schalenreste zeigen keine Spur von Ornamentirung.

Nautilus Montmollini Pictet und Campiche aus dem Gault von Escragnolles steht unserer Art nahe, indessen sind die Kammerscheidewände bei ihm weniger dicht gestellt und der Sipho liegt mehr in der Mitte.

Vorkommen: Tönsberg bei Oerlinghausen. Vier Exemplare, von denen das abgebildete das kleinste ist.

Ammonites Brug.

Wie vorher erwähnt, ist der Erhaltungszustand der Ammoniten und verwandter Formen unseres Vorkommens ein relativ guter zu nennen, indessen ist in den meisten Fällen nur die Wohnkammer mit Gesteinsmasse ausgefüllt und als Steinkern erhalten, und nur selten sind die inneren Windungen versteinert. Mitunter liessen sich die letzteren nach dem vorhandenen Abdruck reconstruiren, und bei mehreren der abgebildeten Exemplare sind dieselben aus Gyps nachgebildet. Zahlreiche Bruchstücke, von denen die inneren Windungen fehlen, und die grossen bis zu ½ m im Durchmesser anwachsenden Formen, bei denen die Sculptur fast ganz verwischt ist und deren specifische Stellung deshalb unsicher bleiben musste, habe ich von der Beschreibung und Abbildung ausgeschlossen, auch wenn sie neuen Arten anzugehören schienen.

Frühere Untersuchungen hatten bereits gezeigt, dass sich nur wenige der im Teutoburger Walde vorkommenden Ammonitiden mit Arten des Neocom Frankreich's und der Schweiz identificiren lassen, wenn sie sich auch zum weitaus grössten Theile an die natürliche Gruppe *Ammonites Astierianus — bidichotomus* anschliessen. Es liess sich erwarten, dass mehr Uebereinstimmung zwischen ihnen und denen der norddeutschen Hilsbildungen in Hannover und Braunschweig herrschen würde. Diese Erwartung hat durch die Arbeit von Neumayr und Uhlig [1]) nur zum Theil ihre Bestätigung gefunden. Hier wie dort sind die Subgenera *Olcostephanus, Perisphinctes* und *Hoplites* vorzugsweise vertreten, während andere Formen nur vereinzelt vorkommen. Manche der im Teutoburger Walde vorkommenden Formengruppen lassen nahe Beziehungen zu den von Neumayr und

---

[1]) Die Ammonitiden aus den Hilsbildungen Norddeutschlands. Palaeontographica Bd. 27. pag. 129 ff.

Uhlig beschriebenen erkennen und gehören vielfach denselben Typen an, indessen liess sich nur in verhältnissmässig wenig Fällen eine vollkommene Uebereinstimmung der Formen beider Gebiete nachweisen.

Crioceren und Hopliten, welche in den übrigen norddeutschen Hilsbildungen in zahlreichen Arten und
grosser Individuenzahl vorkommen, sind hier selten und auf wenige Arten beschränkt, in grösster Zahl und
Mannigfaltigkeit ist das Subgenus *Olcostephanus* vertreten. Die ihm angehörigen Arten zeigen eine solche Variabilität in den relativen Dimensionen, in der Art der Berippung und den Loben, dass es nicht leicht ist, aus
der Masse des, wie vorher erwähnt wurde, theilweise nur in Bruchstücken vorliegenden Materials gut begrenzte
Arten auszusondern. Diese Variabilität geht so weit, dass in verhältnissmässig wenig Fällen bei mehreren
Exemplaren eine vollkommene Uebereinstimmung aller Charaktere stattfindet.

Ammonites (Olcostephanus) Decheni A. ROEM.

Taf. I, Fig. 3. Taf. II, Fig. 1.

ROEMER. Versteinerungen des norddeutschen Kreidegebirges pag. 85 t. 13 f. 1.

Da die von ROEMER beschriebene Art aus dem „Quader" des Teutoburger Waldes stammt —
F. ROEMER giebt im Jahrbuch für Mineralogie etc. 1845 als Fundort den Stollen der jetzt aufgegebenen Zeche
Eintracht bei Grävinghagen an — so liess sich erwarten, dass sich dieselbe unter dem von mir gesammelten
Material wiederfinden würde. Merkwürdigerweise kommt aber unter den zahlreichen mir vorliegenden Ammonitenformen keine einzige vor, welche genau damit übereinstimmt, während verwandte Formen in grösserer
Zahl, wenn auch meist nur in Bruchstücken erhalten, vorliegen. Diese letzteren zeigen bei mancher Verschiedenheit — man findet kaum bei zwei Exemplaren genau dieselben Charaktere — im ganzen Habitus
doch so viel Aehnlichkeit, dass es unmöglich ist, sie von einander zu trennen, man müsste sonst ebensoviel
neue Arten aufstellen, als Exemplare vorliegen. Das drängt zu dem Schlusse, dass die fraglichen Formen,
einschliesslich *Ammonites Decheni* ROEM. und der von NEUMAYR und UHLIG l. c. t. 31 f. 3 abgebildeten Form
einer und derselben innerhalb gewisser Grenzen variablen Art angehören, für die ich den ROEMER'schen Namen
Ammonites Decheni beibehalte. Ich bin geneigt, auch *Olcostephanus virgifer* NEUM. und UHLIG hierherzu-
rechnen, da das Dichotomiren der hinteren Rippe kein constanter Charakter zu sein scheint. Der weiter unten
beschriebene *Ammonites Hosii* bildet dann den Uebergang von *Ammonites virgifer* zu *Ammonites Kleinii*.

Sämmtliche hierhergehörige Formen sind comprimirt scheibenförmig und ziemlich weit genabelt, doch
ist die Nabelweite nicht constant. Die Windungen sind bald mehr, bald weniger aufgeblasen, die Externseite
ist stets ziemlich stark und gleichmässig gewölbt, die Wölbung der Flanken variirt, bald sind dieselben niedrig
und kräftig gewölbt, bei anderen Exemplaren sind sie höher und ihre Wölbung ist dementsprechend unbedeutender. An der steilen Nahtfläche entspringen zahlreiche, nicht sehr dichtstehende, äusserst kräftige, scharf-
rückige Rippen, die anfangs nach hinten gerichtet, dann bogenförmig gekrümmt sind und in radialer Richtung
über das untere Drittel der Flanken fortlaufen. Dann bilden sie einen bei dem einen Exemplar mehr, bei dem
anderen weniger kräftig entwickelten, seitlich comprimirten spitzen Knoten, hinter dem eine Gabelung eintritt.
Bei einem der vorliegenden Exemplare (Taf. II, Fig. 1) entsprechen jeder primären mit grosser Regelmässigkeit
zwei secundäre Rippen, bei einem anderen mit ebenso grosser Regelmässigkeit je drei, in anderen Fällen findet
ein unregelmässiger Wechsel von zwei und drei Rippen statt. Oft löst sich eine der Secundärrippen vom
Knoten los und bildet so auf der einen Seite eine Schaltrippe, während sie sich auf der anderen Seite an den
entsprechenden Knoten anlegt. Im Uebrigen zeigen alle Rippen ein gleichartiges Verhalten: sie sind mässig
breit, hoch und scharfrückig und meist etwas geschwungen. Ueber die Externseite laufen sie in gleichbleibender Stärke fort und bilden dort einen mässigen Bogen. Mitunter kommen auf der Externseite Abnormitäten
in der Berippung vor, welche auch das von A. ROEMER abgebildete Exemplar von *Ammonites Decheni* zeigt.

Nur an einem Exemplare sind die Loben deutlich zu erkennen. Der Siphonallobus ist um ein Geringes grösser als der obere Lateral; letzterer hat einen breiten Körper und endet mit zwei Aesten, von denen der umbonale etwas länger und überhaupt kräftiger entwickelt ist als der siphonale. Der untere Lateral ist nur etwa halb so lang wie der obere; auf ihn folgen noch zwei kleine herabhängende Auxiliaren. Die mässig weiten Sättel sind durch Hülfsloben symmetrisch getheilt.

Vorkommen: Tönsberg bei Oerlinghausen.

Ammonites (Olcostephanus) inverselobatus NEUM. u. UHLIG.

Taf. I, Fig. 4. Taf. II, Fig. 2.

Perisphinctes inverselobatus NEUMAYR u. UHLIG l. c. pag. 147 t. 16 u. 17.

Die vorliegende Form steht in Bezug auf die Beschaffenheit der Sculptur manchen Formen von *Ammonites Decheni* nahe. Der Bau des Loben aber ist ein durchaus abweichender und zeigt die grösste Uebereinstimmung mit dem der charakteristischen Lobenlinien von *Ammonites inverselobatus* NEUM. u. UHLIG. Die Loben steigen gegen die Naht an, der obere Lateral ist beträchtlich kleiner als der Siphonallobus, und sein kräftiger Körper endet mit 4 kleinen Aesten. Auf den unteren Lateral folgen zwei kleine herabhängende Auxiliaren. Die Sättel sind in ähnlicher Weise getheilt, wie bei *Ammonites inverselobatus*. Ein Unterschied findet allein insofern statt, als der obere Lateral weniger auffallend schief gestellt ist und deshalb nicht in demselben Maasse gegen den unteren Lateral convergirt, wie dort. Diese Uebereinstimmung in den Loben macht es wahrscheinlich, dass wir es hier mit der Jugendform von *Perisphinctes inverselobatus* zu thun haben, und diese Annahme findet durch den ganzen Habitus und die Beschaffenheit der Berippung ihre weitere Bestätigung, da sich die von NEUMAYR und UHLIG gegebene Beschreibung fast wörtlich auf unsere Form anwenden lässt; nur sind die Rippen bei *Perisphinctes inverselobatus* breiter, die Intercostalräume schmaler. Diese Abweichung ist aber durch das verschiedene Alter der untersuchten Exemplare bedingt und erklärt.

Wenn aber unsere Form den Jugendzustand von *Perisphinctes inverselobatus* darstellt, so muss letzterer, was auch schon von NEUMAYR und UHLIG als möglich hingestellt wird, zum Subgenus *Olcostephanus* gezogen werden, da bei ihr an der Theilungsstelle der Rippen deutliche, wenn auch nur kleine, seitlich comprimirte Knoten auftreten.

Das Taf. I, Fig. 4 abgebildete, ziemlich eng genabelte Exemplar repräsentirt wahrscheinlich eine noch jüngere Form derselben Species.

Vorkommen: Tönsberg bei Oerlinghausen.

Sonstiges Vorkommen: Grube Marie bei Salzgitter.

Ammonites (Olcostephanus) cf. inverselobatus NEUM. u. UHLIG.

Taf. II, Fig. 3.

Ausser der vorherbeschriebenen Form liegen mir zwei grosse Exemplare von ähnlichen Dimensionen wie das von NEUMAYR und UHLIG abgebildete vor. Dieselben gleichen im Habitus, in den Dimensionen und in der Beschaffenheit der Sculptur der Form von Salzgitter auf das Vollkommenste, auch die Loben lassen das charakteristische Ansteigen gegen die Naht erkennen. Ein auffallender Unterschied besteht in der Gestalt des oberen Laterallobus, der sich nicht wie bei *Perisphinctes inverselobatus* N. u. U. in 4 schmächtige Zweige auflöst, sondern mit einem kräftigen Aste endigt, von dessen Basis zwei ebenfalls ziemlich kräftige Seitenzweige entspringen. Bei der im Uebrigen vollkommenen Uebereinstimmung wird es kaum möglich sein, beide Formen von einander zu trennen.

Vorkommen: Tönsberg bei Oerlinghausen.

Ammonites (Olcostephanus) Hosii n. sp.

Taf. II, Fig. 4.

Der bis an's Ende gekammerte Steinkern, welchen ich abgebildet habe, hat einen Durchmesser von 70 mm, die Höhe des letzten Umgangs beträgt 22 mm (0,32), seine Dicke ist ebenso gross, der Nabel hat einen Durchmesser von 29 mm (0,41).

Die Windungen wachsen langsam an, bedecken einander zur Hälfte, sind auf den Flanken und auf der Externseite gleichmässig gerundet, so dass der Windungsquerschnitt zwischen den Knoten annähernd kreisförmig ist. Die Flanken senken sich allmählich zum Nabel hinab und bilden in geringer Entfernung von der Naht eine fast senkrechte Nahtfläche, an der auf der letzten Windung 22, anfangs wenig markirte, auf den Flanken kräftig entwickelte, gerade aufsteigende, breite und mässig hohe Rippen entspringen. Die letzteren bilden etwa in ¼ der Flankenhöhe einen hohen dreiseitigen Knoten, welcher zwei, seltener drei kräftige und breite Rippen aussendet, von denen sich die hintere mit grosser Regelmässigkeit in geringer Entfernung vom Knoten noch einmal gabelt. Sämmtliche Rippen laufen in gerader Richtung über die Flanken und die Externseite, wo ihre Zahl 72 beträgt, fort. Im Nabel sind die Knoten der inneren Windungen und ein Theil der von ihnen ausstrahlenden Rippenbündel sichtbar; die Naht deckt gerade die Verzweigungsstelle der hinteren Rippe.

Einige grössere, nur bruchstückweise gut erhaltene und deshalb nicht abgebildete Exemplare lassen deutlich erkennen, dass die Windungen mit zunehmendem Alter höher, die Flanken dementsprechend flacher werden, und dass die Sculptur sich mehr und mehr verwischt. Bei einem Exemplar von ca. 180 mm Durchmesser sind die Knoten auf der letzten Windung verschwunden, die Rippen sind in der Nähe des Nabels und auf der Externseite noch erhalten, auf der Mitte der Flanken aber fast ganz ausgelöscht.

Bei dem zuletzt erwähnten Exemplare konnten die Loben ziemlich vollständig, wenn auch an keiner Stelle zusammenhängend, beobachtet werden. Der Siphonallobus ist gross und breit und sendet zwei lange und schlanke Aeste nach hinten; von dem etwas kleineren oberen Lateral ist er durch einen mässig weiten, unsymmetrisch getheilten Sattel getrennt. Der obere Lateral hängt etwas gegen die Naht über, hat einen breiten Körper und einen langgestreckten Endast. Letzteres trifft auch für den viel kleineren und schmaleren unteren Lateral zu, auf den noch zwei wenig herabhängende Auxiliare folgen.

Ammonites Hosii gehört zu der Gruppe *Ammonites Denkmanni, Kleinii, Damesi, virgifer, Decheni*. Von *Ammonites Kleinii*, dem er am nächsten steht, unterscheidet er sich durch den engeren Nabel und das Dichotomiren der hinteren Rippe; von *Ammonites virgifer*, mit dem er das zuletzt erwähnte Merkmal gemeinsam hat, dadurch, dass der Nabel enger ist und dass die Rippen in gerader Richtung über Flanken und Externseite laufen, während sie bei *Ammonites virgifer* leicht geschwungen sind. Das letztere Unterscheidungsmerkmal trifft auch für *Ammonites Decheni* zu, bei dem die Rippen ausserdem schmaler und mehr zugeschärft sind und nicht dichotomiren.

Vorkommen: Tönsberg bei Oerlinghausen.

Ammonites (Olcostephanus) Picteli n. sp.

Taf. II, Fig. 5—6.

Ammonites bidichotomus Pictet u. Campiche. Mat. II. St. Croix I. t. 41 f. 3.

Pictet hat l. c. einen Ammoniten abgebildet, den er trotz erheblicher Abweichungen zu *Ammonites bidichotomus* Leym. stellt, weil einzelne Rippen dichotomiren oder doch Neigung zur Dichotomie verrathen. Gegenüber diesen Verschiedenheiten zwischen jener Form und dem typischen *Ammonites bidichotomus* scheint mir ein solches Merkmal zur Bestimmung der specifischen Stellung nicht ausreichend zu sein. Es liegt mir eine Reihe von Exemplaren verschiedener Grösse vor, von denen die kleineren mit jener Pictet'schen Form vollkommen übereinstimmen; bei einem vorgeschritteneren Wachsthumsstadium ist an eine Zugehörigkeit zu *Ammonites bidichotomus* Leym. nicht mehr zu denken. Ich beschreibe dieselbe deshalb als eine neue Art. Die Dimensionen des kleinen, Taf. II, Fig. 6 abgebildeten Exemplares sind: Durchmesser 27 mm, Höhe der letzten Windung 10 mm, Dicke 17 mm, Nabelweite 9 mm. Bei dem grossen Exemplar (Taf. II, Fig. 5) konnten die Dimensionen nicht festgestellt werden.

Mit aufgeblasenen Windungen, mässig weitem und trichterförmig vertieftem Nabel und flach gewölbter Externseite. Flanken sind kaum entwickelt; die am Nabel senkrechte, später nach aussen hin allmählich umgebogene Nahtfläche (wenn man will, kann man den letzten Theil als Flanken ansprechen) und die Externseite scheinen unmittelbar in einander überzugehen. Auf der Trennungslinie beider trägt die letzte Windung 13 spitze und hohe Knoten, welche nach der Naht hin in je eine einfache, breite und wenig hohe Rippe ausgezogen sind. Auf der Externseite legt sich an jeden Knoten ein Bündel von 4, seltener 3 starken und breiten Rippen, die einen schwachen Bogen bilden, und von denen einzelne in geringer Entfernung vom Knoten dichotomiren. Die inneren Windungen sind von den äusseren bis zu den Knoten bedeckt, so dass die Naht hart an dem im Nabel sichtbaren Knoten entlang läuft. Mit zunehmendem Alter ändert sich der letztere Charakter, die Windungen werden weniger involut, so dass die inneren Windungen als ein spiralförmiger, mit dicken Knoten besetzter Wall aus dem Nabel hervortreten. Dass mit zunehmendem Alter die Zahl der Knoten grösser wird, ist selbstverständlich und bedarf kaum der Erwähnung.

Die Loben konnten an keinem Exemplare blosgelegt werden. *Ammonites Picteti* ist nahe verwandt mit den aufgeblasenen, von Pictet l. c. pag. 298 t. 43 f. 2—3 unter dem Namen *Ammonites Astierianus* d'Orb. beschriebenen Formen. Die Unterschiede hat Pictet selbst pag. 292 und 293 angegeben.

Vorkommen: Tönsberg bei Oerlinghausen.

Ammonites (Olcostephanus) lippiacus n. sp.

Taf. III, Fig. 3. Taf. V, Fig. 3.

Durchmesser 75 mm, Höhe der letzten Windung 30 mm, Dicke 20 mm, Durchmesser des Nabels 22 mm.

Scheibenförmig, mit ziemlich rasch anwachsenden Windungen und mässig weitem Nabel. Die Windungen haben schwach gewölbte Flanken und eine kräftig gewölbte schmale Externseite; sie sind bedeutend höher als dick und bedecken einander ungefähr zur Hälfte, so dass die Knoten der inneren Windungen im Nabel sichtbar sind. An der schmalen und geneigten Nahtfläche des letzten Umgangs entspringen 18 anfangs schräg nach hinten gerichtete, dann oberhalb der Nabelkante in radialer Richtung nach aussen gestreckte kräftige Rippen, welche in $^1/_3$ der Flankenhöhe zu einem markirten Knoten anschwellen. Von jedem dieser Knoten gehen in der Regel 3 Rippen aus, welche sich grösstentheils noch einmal, bald in grösserer, bald in geringerer Entfernung vom Knoten, mitunter erst hart an der Externseite, in je zwei Aeste spalten, so dass jedem Knoten auf der Externseite ein Bündel von 5—7 Rippen entspricht. Die sämmtlichen, ziemlich breiten und wenig hohen Rippen laufen in gleichmässiger Vertheilung, ununterbrochen und in gleichbleibender Stärke über den Rest der Flanken und die Externseite, wo sie einen schwachen Bogen bilden. Die letzte Windung trägt zwei unbedeutende Einschnürungen.

Die Lobenlinien liessen sich nicht ganz klarlegen, doch ist hinreichend deutlich zu erkennen, dass sämmtliche Loben ziemlich breite Körper haben, und dass der obere Lateral etwas tiefer herabreicht als der Siphonallobus. Der untere Lateral läuft gerade über die Knoten weg und hängt etwas gegen die Naht über; auf ihn folgen noch zwei kleine, kaum herabhängende Auxiliare.

In einer grösseren Anzahl von Exemplaren liegt eine kleinere Form vor, welche im ganzen Habitus und der Art der Berippung so viel Aehnlichkeit mit *Ammonites lippiacus* hat, dass ich sie nicht davon trennen möchte. Die relativen Dimensionen sind fast genau dieselben; das abgebildete Exemplar (Taf. V, Fig. 3) hat einen Durchmesser von 40 mm; Höhe der letzten Windung 17 mm, Dicke 10 mm, Nabelweite 10 mm. Wie bei *Ammonites lippiacus* ist der Nabel mässig weit, die Nahtfläche schmal, sind die Flanken hoch und flach, wachsen die Windungen rasch an. Auch die Sculptur zeigt grosse Uebereinstimmung. Die Zahl der an der Nahtfläche entspringenden Rippen ist der geringeren Grösse entsprechend kleiner; von den auch hier in $^1/_3$ der Flankenhöhe liegenden Knoten geht ein Bündel von 2—4 Secundärrippen aus, die im weiteren Verlauf gegen die Externseite wiederholt dichotomiren, so dass einer primären Rippe auf der Externseite bis zu 9 secundäre entsprechen. Die letzteren sind etwas geschwungen und wenden sich in der Nähe der Externseite stark nach vorn. Nach der zweiten Theilung sind sämmtliche Rippen vollkommen gleichartig, scharf markirt, schmal-fadenförmig, dichtstehend und überschreiten die Externseite, wo ihre Zahl ca. 120 beträgt, in einem schwachen Bogen.

Neben diesen gemeinsamen Merkmalen zeigen die in Rede stehenden Formen indessen auch mehrfache Abweichungen von dem typischen *Ammonites lippiacus*. So sind die Flanken bei ihnen vollkommen eben, der Windungsquerschnitt ist in Folge dessen abgerundet rechteckig, die Rippen stehen dichter und sind ver-hältnissmässig weniger breit, endlich ist der dreispitzige obere Lateral etwas kürzer als der Siphonallobus.

Vorkommen: Tönsberg bei Oerlinghausen.

Ammonites (Olcostephanus) Arminius n. sp.

Taf. III, Fig. 1—2.

Von dem vollständigsten Exemplare dieser ausgezeichneten Art ist nur die Wohnkammer, welche fast einen ganzen Umgang einnimmt, erhalten. Die Externseite des Steinkerns ist an einigen Stellen abgerieben, doch sind alle charakteristischen Merkmale ausreichend deutlich zu erkennen.

Durchmesser 87 mm, Höhe der letzten Windung 32 mm, Dicke 21 mm, Durchmesser des Nabels 33 mm. Scheibenförmig, mit langsam anwachsenden Windungen und mässig weitem Nabel. Die Nahtfläche ist sehr schmal und fällt schräg ein. Die Windungen sind erheblich höher als breit und haben mässig ge-wölbte Flanken. Von der Nahtfläche des letzten Umgangs gehen, soweit derselbe erhalten ist, 18 hohe Rippen aus — auf die vollständige Windung kommen ungefähr 20 — die sich Anfangs nach hinten krümmen, dann gerade aufsteigen und etwa in $^2/_3$ der Flankenhöhe einen hohen dreieckigen Knoten bilden. Auffallend ist die Variabilität, welche ein und dasselbe Exemplar in der Zahl der Rippen zeigt, welche von je einem dieser Knoten über die Flanken und die Externseite laufen. Anfangs entspringen jedem Knoten drei Rippen, die sich weiterhin zum Theil noch einmal spalten, später wird diese Zahl auf zwei reducirt, von denen die eine noch einmal getheilt ist, dann hört die Dichotomie ganz auf, so dass jedem Knoten nur noch zwei einfache Rippen entsprechen, und schliesslich, auf dem letzten Theile des Umgangs, geht von jedem Knoten nur noch eine Rippe aus. In dem Masse, wie die Zahl der zu einem Knoten gehörigen Rippen kleiner wird, werden diese selbst vorspringender und grösser; während sie Anfangs dicht bei einander stehen und durch Zwischenräume getrennt sind, welche kaum so breit sind wie sie selbst, haben sie auf dem vorderen Theile der Wohnkammer einen weiten — bis zu 10 mm — Abstand. Die Externseite dieser Gegend ist bei Fig. 1 abgerieben, so dass die hohen kammförmigen Rippen nicht hervortreten, ich habe deshalb in Fig. 2 ein Bruchstück derselben Art abgebildet, um dem diese charakteristischen Kämme erhalten sind. Die Loben konnten nicht beobachtet werden.

Der reichberippte Theil der letzten Windung zeigt Aehnlichkeit mit *Ammonites lippiacus*. Bei letz-terem stehen indessen die Knoten etwas näher an der Naht, der Nabel ist enger und die Windungen wachsen rascher an, endlich tritt bei ihm niemals mit zunehmendem Alter eine Verminderung in der Rippenzahl ein.

Vorkommen: Tönsberg bei Oerlinghausen.

Durch die charakteristische Sculptur der letzten Windung schliessen sich an die vorige zwei weitere Arten an, die im Uebrigen leicht von ihr und untereinander zu unterscheiden sind. Wiewohl der Erhaltungszustand derselben noch schlechter ist, habe ich doch geglaubt, die vorliegenden Reste beschreiben und zum Theil abbilden zu sollen, da sie bisher unbekannte, hier aber häufiger vorkommende Arten darstellen.

Ammonites (Olcostephanus) nodocinctus n. sp.

Taf. II, Fig. 7.

Durchmesser 46 mm, Höhe der letzten Windung 14 mm, Dicke zwischen den Knoten gemessen 18 mm, von Knoten zu Knoten 23 mm, Nabelweite 20 mm.

Der Nabel ist ziemlich weit, die Windungen, deren sich fünf erkennen lassen, sind aufgeblasen, wenig involut, viel breiter als hoch und wachsen langsam an. An der steilen und ziemlich hohen Nahtfläche des letzten Umgangs entspringen 15 breite und flache Rippen, die auf der unteren Hälfte der Flanken zu kräftigen Knoten anschwellen, welche ihrerseits eine wechselnde Anzahl secundärer Rippen aussenden. Diese secundären Rippen sind auf den Flanken mehr oder weniger nach vorn gebogen, laufen aber in fast ganz gerader Richtung über die Externseite. Auf den inneren Windungen, wie auf einem Theil der letzten Windung, gehören zu jedem Knoten 3—4 secundäre, unverzweigte, kräftige und breite Rippen; auf der Wohnkammer vermindert sich diese Zahl zunächst auf zwei, und schliesslich geht von jedem Knoten — bei dem abgebildeten Exemplare von den fünf letzten — nur noch je eine hohe kammförmige Rippe aus. Diese Kämme sind zum grössten Theil abgebrochen, so dass die Abbildung dieselben viel niedriger erscheinen lässt, als sie nach Ausweis des Abdrucks ursprünglich gewesen sind. Da bei der Verminderung in der Zahl der Rippen der Abstand der Knoten relativ constant bleibt, so sind die Zwischenräume der Rippen auf der Externseite der letzten Windung sehr breit. Die Knoten der inneren Windungen sind im Nabel sichtbar; auf der zweiten Windung, welche 13 Knoten trägt, sieht man auch den Anfang des ausstrahlenden Rippenbündels, auf der dritten Windung ist dieses verdeckt, so dass die Knoten dicht an der Naht stehen.

Ammonites nodocinctus unterscheidet sich von Ammonites Arminius u. A. durch die viel aufgebleneren Windungen und durch die einfachen, nicht dichotomirenden Secundärrippen. Ehe die Verminderung in der Zahl der Rippen eintritt, sind die Windungen denen von Ammonites Picteti ähnlich. Ammonites nodocinctus steht zu Ammonites Picteti in derselben Beziehung wie Ammonites Arminius zu Ammonites lippiacus.

Die inneren Windungen des abgebildeten Exemplares sind nach dem Abdruck aus Gyps hergestellt. Es fehlt ihnen deshalb an Schärfe, besonders die Knoten erscheinen auf dem Gypsabguss wie abgebrochen.

Vorkommen: Tönsberg bei Oerlinghausen.

Ammonites (Olcostephanus) alticostatus n. sp.

Taf. V, Fig. 2.

Diese Art, welche mit der vorigen verwandt ist und mit ihr und Ammonites Arminius die abnorme Verminderung in der Zahl der Rippen des letzten Umgangs gemein hat, ist von beiden gleichwohl durch eine ganze Reihe von Merkmalen unterschieden. Die Windungen sind weniger aufgeblasen als bei Ammonites nodocinctus, Höhe und Breite sind einander etwa gleich; an der schmalen und steilen Nahtfläche entspringt eine viel grössere Zahl von Rippen — bei einem Exemplar von 70 mm Durchmesser 24, bei einem anderen von nur 50 mm Durchmesser etwa ebensoviel — welche auf der unteren Flankenhälfte einen kleinen Knoten bilden. Von jedem Knoten gehen auf den inneren Windungen je zwei oder drei, im letzten Falle leicht dichotom angeordnete Secundärrippen aus, welche auf den Flanken nach vorn geneigt sind und auf der Externseite einen Bogen bilden. Auf dem letzten Theile der Wohnkammer entspricht jeder primären nur eine secundäre Rippe, welche sich auf der Externseite zu einem etwa 5 mm hohen Kamme erhebt.

Bei einem Exemplar sind die Loben theilweise zu erkennen; dabei fällt besonders der obere Lateral durch seine im Vergleich mit dem Siphonallobus geringe Grösse auf. Er ist kaum mehr als halb so gross wie der letztere und endet mit drei kleinen Aesten.

In Bezug auf die Sculptur steht *Ammonites alticostatus* in einer ähnlichen Beziehung zu *Ammonites Decheni* und *Ammonites inverselobatus*, wie *Ammonites nodocinctus* zu *Ammonites Picteti* und *Ammonites Arminius* zu *Ammonites lippiacus*.

Vorkommen: Tönsberg bei Oerlinghausen. Mehrere Bruchstücke des Steinkerns und Abdrücke.

Ammonites (Olcostephanus) Tönsbergensis n. sp.

Taf. IV, Fig. 4—6.

Durchmesser 28 mm, Höhe der letzten Windung 13 mm, Dicke 11 mm, Durchmesser des Nabels 8 mm.

Scheibenförmig, ziemlich eng genabelt, mit wenig gewölbten Flanken, kräftig gewölbter Externseite und schmaler steiler Nahtfläche. Die Höhe der Windungen ist bedeutender als die Breite, doch kommen auch etwas aufgeblasenere Formen vor, welche ebenso breit wie hoch sind. Von der Nahtfläche des letzten Umgangs gehen 15 nach der Mündung zu kräftiger werdende, etwas nach vorn gerichtete Rippen aus, welche etwa in ¹/₄ der Flankenhöhe einen in gleichem Maasse wie die Rippen sich kräftiger entwickelnden, dreieckigen und spitzen Knoten bilden. Jeder dieser Knoten sendet ein Bündel von 4—6 markirten, scharfrückigen, mässig breiten, dichtstehenden und etwas geschwungenen Secundärrippen aus, welche die Externseite, auf der sie einen nach vorn gewandten Bogen bilden, in unverminderter Stärke überschreiten. Nur selten dichotomirt eine dieser Rippen in der Nähe des Knotens.

Ein ebenfalls abgebildetes Bruchstück einer grösseren und etwas aufgeblaseneren Form, das im Uebrigen aber denselben Charakter in der Sculptur, in der Gestalt und Anordnung der Knoten und Rippen zeigt, lässt die Loben erkennen. Der Siphonallobus sendet zwei nur mässig lange Zweige nach hinten, der erheblich längere obere Lateral endet mit zwei Aesten, von denen der siphonale der grössere ist. Der untere Lateral läuft gerade über die Knoten fort. Die Auxiliare bilden einen herabhängenden Nahtlobus.

Ammonites Tönsbergensis gehört in die Verwandtschaft des *Ammonites Astierianus* D'ORB., unterscheidet sich von diesem aber durch die geschwungene Gestalt der Rippen, durch die grössere Entfernung derselben von der Naht, endlich dadurch, dass einzelne Rippen dichotomiren. Ein weiterer Unterschied ergiebt sich aus der Vergleichung der Loben (cf. PICTET. St. Croix I. t. 43 f. 4—5.)

Vorkommen: Tönsberg. Ein Exemplar aus der Nähe von Wistinghausen, die übrigen von Oerlinghausen.

Ammonites (Olcostephanus) bidichotomus LEYM.

D'ORBIGNY. Pal. fr. Ter. crét. I. pag. 190 t. 57.
PICTET u. CAMPICHE. Mat. H. St. Croix I. pag. 291 t. 41.
NEUMAYR u. UHLIG. l. c. pag. 151 t. 21 f. 2, t. 22 f. 1.

Die typische Form dieser gut bekannten und mehrfach abgebildeten Art hat sich in einer grösseren Anzahl von Exemplaren im Hohnsberge bei Iburg gefunden. Bruchstücke aufgeblasenerer Formen liegen vom Tönsberge bei Oerlinghausen vor. Den oben citirten Beschreibungen ist nichts Neues hinzuzufügen.

Ammonites (Olcostephanus) Grotriani NEUM. u. UHLIG.

NEUMAYR und UHLIG. l. c. pag. 153 t. 23 f. 1, t. 24 f. 1.

Ein etwas verdrücktes Exemplar gleicht in den Dimensionen, in der Sculptur und in der Gestalt der Loben vollständig der von Neumayr und Uhlig beschriebenen Form. Die Rippen stehen etwas gedrängter und sind weit weniger markirt als bei *Ammonites bidichotomus*.

Vorkommen: Lämmershagen bei Oerlinghausen.

Ammonites cf. Olcostephanus Grotriani NEUM. u. UHLIG.

Taf. III, Fig. 4.

Die vorliegende bidichotome Form stimmt in den relativen Dimensionen [Durchmesser 96 mm, Höhe der letzten Windung 41 mm (0,43), Dicke 28 mm (0,29), Nabelweite 25 mm (0,26)] fast genau mit *Olcostephanus Grotriani* überein; auch der Charakter der Sculptur ist im Wesentlichen derselbe. Die Loben dagegen zeigen erhebliche Abweichungen, welche Zweifel daran erwecken, ob wir es mit derselben Art zu thun haben.

Sämmtliche Loben sind durch ihre schlanke Gestalt und den schmalen Körper ausgezeichnet. Der obere Lateral, welcher fast ebensoweit herabreicht wie der Siphonallobus, endet mit zwei fast gleichlangen Aesten, der erste Auxiliar convergirt etwas gegen den unteren Lateral, der zweite hat eine auffallend schräge, gegen den ersten convergirende Stellung. Die Sättel sind breiter und nicht in dem Maasse zerschnitten wie bei *Olcostephanus Grotriani*. Der schlanke Bau der Loben findet sich ähnlich bei *Olcostephanus obsoletecostatus* NEUM. u. UHLIG (t. 25 f. 1b); bei letzterer Art endet aber der obere Lateral mit einem prononcirten lang ausgestreckten Aste. Der zweispitzige obere Lateral unserer Form erinnert an *Ammonites Carteroni* D'ORB. (PICTET u. CAMPICHE St. Croix I. t. 42 f. 1b), ohne dass indessen an eine Zugehörigkeit zu dieser Art gedacht werden könnte.

Vorkommen: Tönsberg bei Oerlinghausen.

Ammonites (Olcostephanus) Carteroni D'ORB.

D'ORBIGNY. Pal. fr. Ter. crét. I. pag. 209 t. 61.
PICTET u. CAMPICHE. Mat. II. St. Croix I. pag. 294 t. 42.
NEUMAYR u. UHLIG. l. c. pag. 154 t. 26 f. 2.

Mehrere unvollständig erhaltene Exemplare von mässiger Grösse, deren Windungen auf der Mitte vollkommen glatt sind, werden, da auch die Loben gut übereinstimmen, zu dieser Art zu stellen sein.

Vorkommen: Tönsberg bei Oerlinghausen.

Ammonites (Olcostephanus?) Phillipsii ROEMER.

Taf. IV, Fig. 2—3.

ROEMER. Versteinerungen des norddeutschen Kreidegebirges pag. 85.
NEUMAYR u. UHLIG. l. c. pag. 161 t. 15 f. 7.

Durchmesser 102 mm, Höhe der letzten Windung 54 mm (0,53), Dicke 27 mm (0,26), Durchmesser des Nabels 13 mm (0,13).

Sehr flach scheibenförmig, mit engem, bei zunehmendem Alter sich erweiterndem Nabel — die Nabelweite bezogen auf den Durchmesser schwankt zwischen den Werthen 0,10 und 0,17 — geneigter Nahtfläche, hohen und flach gewölbten Flanken, welche im Nabel zu $^1/_3$—$^1/_4$ ihrer Höhe sichtbar sind, und mit schmaler, gerundeter Externseite. Die Windungen wachsen rasch an und haben nicht weit vom Nabel ihre grösste Dicke. Die Mündung ist schmal und hoch, fast pfeilförmig.

Von der Nahtfläche des letzten Umgangs gehen 25, in der Nähe des Nabels kräftige, auf den Flanken breiter und undeutlicher werdende Rippen aus, welche fast geradlinig in radialer Richtung über das untere

3

Drittel der Flanken laufen, um sich dann in drei oder vier Aeste zu theilen, welche ihrerseits im weiteren Verlauf häufig noch einmal dichotomiren. Diese, gleich den Primärrippen breiten und wenig hohen Secundärrippen sind leicht geschwungen, wenden sich in der Nähe der Externseite stark nach vorn und bilden auf derselben, wo ihre Zahl auf 120 angewachsen ist, einen ziemlich spitzen, am Scheitel abgerundeten Winkel. Mit zunehmendem Alter verschwinden die Rippen zunächst auf der Mitte der Seiten, dann vollständig, so dass Flanken und Externseite vollkommen glatt werden. Die Externseite wird gleichzeitig schmaler, fast schneidend. *Ammonites Phillipsii* erreicht eine ziemlich bedeutende Grösse. Ein gut erhaltenes, bis an's Ende gekammertes Windungsbruchstück hat eine Höhe von 125 mm, was auf einen Totaldurchmesser von annähernd doppelter Grösse schliessen lässt.

Die Lobenlinien sind gut erhalten und sehr charakteristisch. Sämmtliche Loben zeichnen sich durch ihre langen, sparrig abstehenden Aeste aus. Der sehr breite Externlobus endet mit zwei kurzen und schmächtigen parallelen Aesten; seitlich davon sendet er jederseits in schräger Richtung einen grossen zweitheiligen Ast aus, der mehr als doppelt so lang ist als jeder der Endäste. Der obere Lateral ist etwas länger als der Siphonallobus, er hat einen breiten Körper und endet mit einem langen und schmalen dreispitzigen Aste, an dessen Basis zwei kräftige zweitheilige Seitenzweige entspringen. Der untere Lateral erreicht ungefähr die Höhe der Verzweigungsstelle des oberen Laterals; auf ihn folgen fünf an Grösse regelmässig abnehmende Auxiliare. Extern- und Seitensattel sind ziemlich eng, vielfach zerschnitten und unregelmässig dreitheilig; der erste und zweite Hülfsattel dagegen sind verhältnissmässig breit.

Neumayr und Uhlig haben die Loben an einem viel jüngeren Exemplare beobachtet, dadurch erklärt es sich, dass sie nur 3 Auxiliare angeben, während das abgebildete Exemplar deren fünf zeigt. Eine leichte Verschiedenheit besteht ferner darin, dass bei unserer Form der obere Lateral etwas länger ist als der Siphonallobus, während dort das umgekehrte Verhältniss stattfindet. Auch dieser Unterschied scheint mir durch die Altersverschiedenheit und die dadurch bedingte verschiedenartige Wölbung von Flanken und Externseite eine ausreichende Erklärung zu finden.

Vorkommen: Tönsberg bei Wistinghausen.

Sonstiges Vorkommen: Hilsthon von Kirchwehren und Bredenbeck.

Ammonites (Olcostephanus?) Oerlinghusanus n. sp.

Taf. VI, Fig. 3—4.

Unter diesem Namen fasse ich eine Reihe kleiner Formen zusammen, welche, bei guter Uebereinstimmung in der Sculptur, hinsichtlich ihrer Dimensionen einem nicht unerheblichen Wechsel unterworfen sind. Diese Variabilität erstreckt sich besonders auf die Dicke, wie aus den folgenden Angaben, welche sich auf drei verschiedene Exemplare beziehen, entnommen werden kann:

Durchmesser 32 mm,	Dicke 16 mm (0,50),	Höhe der letzten Windung 13 mm (0,40),	Nabelweite 8 mm (0,25).
„ 24 „	„ 11 „ (0,46),	„ „ „ „ 10 „ (0,42),	„ 7 „ (0,29).
„ 25 „	„ 9,5 „ (0,38),	„ „ „ „ 10 „ (0,40),	„ 7 „ (0,28).

Durch die wechselnde Dicke erhalten extreme Formen ein auffallend verschiedenes Aussehen; da dieselben indessen durch Zwischenformen verbunden sind, so ist es unmöglich, sie von einander zu trennen.

Die in allen Fällen allein erhaltene Wohnkammer macht mehr als ²/₄ des letzten Umgangs aus, die Windungen bedecken einander etwa zur Hälfte, der Nabel ist mässig weit, die Flanken sind schwach gewölbt und biegen sich allmählich zu der schmalen, glatten und fast senkrechten Nahtfläche um. Die Externseite ist bald mehr bald weniger breit und stets gleichmässig gerundet. An der Nahtfläche der letzten Windung entspringen etwa 20 fadenförmige, anfangs nach hinten gekrümmte, auf den Flanken etwas nach vorn geneigte Rippen, die sich mitunter zu einem schwachen seitlich comprimirten Knoten verdicken und sich im unteren

Drittel der Flanken in zwei Aeste spalten, von denen der hintere in der Nähe der Externseite gewöhnlich noch einmal dichotomirt. Indessen ist die Art der Rippenverzweigung nicht nur bei verschiedenen Individuen sondern auch bei ein und demselben Exemplar variabel; so dichotomirt mitunter auch die vordere Rippe, mitunter bleibt auch die hintere unverzweigt.

Die Loben sind in keinem Falle in den Einzelheiten erhalten, doch lässt sich erkennen, dass ein Ansteigen derselben von der Externseite gegen die Naht hin stattfindet. Diese Eigenthümlichkeit weist auf eine Verwandtschaft mit *Ammonites inverselobatus* hin.

Vorkommen: Tönsberg bei Oerlinghausen.

Ammonites (Perisphinctes) Neumayri n. sp.

Taf. VI, Fig. 1.

Das einzige vorliegende, bis an's Ende gekammerte und nicht besonders gut erhaltene Exemplar — die letzte Windung ist an einer Stelle abgerieben und der Nabel konnte nur zum kleineren Theile blosgelegt werden — hat einen Durchmesser von 165 mm. Höhe der letzten Windung 50 mm, Dicke 47 mm, Durchmesser des Nabels ca. 70 mm.

Scheibenförmig, mit weitem Nabel und langsam anwachsenden Windungen, die einander etwa zur Hälfte bedecken; mit weitem Nabel und senkrecht einfallender Nahtfläche. Die Windungen, deren grösste Dicke in der Nähe des Nabels liegt, haben schwach gewölbte Flanken und eine kräftig gewölbte Externseite. Der letzte Umgang ist wenig höher als breit und trägt 34 an der Naht entspringende, an der Nahtfläche ziemlich undeutliche, anfangs nach hinten gerichtete, auf den Flanken aber, wo sie kräftiger werden, wieder nach vorn gekehrte Rippen. Auf der Mitte der Flanken lösen sich diese breiten und wenig hohen Rippen in ein Bündel von 3—4 Secundärrippen auf, welche in gleichbleibender Stärke über die Externseite fortlaufen und dort einen schwachen nach vorn gerichteten Bogen bilden. In vereinzelten Fällen gabelt sich eine der letzteren in der Nähe der Externseite oder sogar auf derselben. Die letzte Windung trägt eine deutliche Einschnürung.

Der Siphonallobus hat einen kräftigen, breiten und hohen Körper und endet mit zwei schlanken parallelen Aesten. Vom oberen Lateral trennt ihn ein weiter, durch einen schmalen Zwischenlobus annähernd symmetrisch getheilter Sattel. Der obere Lateral hat einen breiten und mässig hohen Körper, dessen Endast sich in zwei Zweige spaltet, von denen der umbonale um ein Geringes grösser ist als der siphonale, die aber beide bei Weitem nicht so tief hinabreichen, wie die Enden des Siphonallobus. Der untere Lateral hat einen verhältnissmässig schmalen Körper und ist überhaupt zierlicher gebaut; auf ihn folgen drei herabhängende Hülfsloben, von denen der letzte, unmittelbar an der Naht stehende sehr klein ist und nur eine einfache unverzweigte Hervorragung bildet.

Ammonites Neumayri schliesst sich an die Gruppe *Perisphinctes Hauchecornei*, *Perisphinctes Koeneni* und *Perisphinctes Kayseri* an. In den Dimensionen und in der Anordnung der Rippen kommt er *Perisphinctes Kayseri* am nächsten, nur sind bei dieser Art die Rippen erheblich markirter. Auffallendere Abweichungen zeigt die Lobenbildung; so ist bei unserer Art der Siphonal weit grösser als der obere Lateral, während bei *Perisphinctes Kayseri* das umgekehrte Verhältnis stattfindet; der obere Lateral endet bei ihr zweispitzig, bei *Perisphinctes Kayseri* einspitzig u. s. w.

Vorkommen: Tönsberg bei Oerlinghausen.

Ammonites (Perisphinctes) Iburgensis n. sp.

Taf. VI, Fig. 2.

Das am besten erhaltene Exemplar ist verdrückt, so dass die angegebenen Dimensionen, besonders die Nabelweite, nur approximativ richtig sind.

3*

Durchmesser 250 mm, Höhe der letzten Windung 80 mm, Dicke 63 mm, Durchmesser des Nabels 110 mm.

Flach scheibenförmig, mit sehr weitem Nabel, schwach gewölbten Flanken und abgerundeter Externseite, die Windungen sind höher als breit und etwa zur Hälfte involut. Die Mündung ist elliptisch, die Nahtfläche schmal und steil. Auf der letzten Windung des abgebildeten Exemplars, von dem etwas mehr als die Hälfte erhalten ist, zählt man an der Naht 26 breite und flache Rippen, so dass man auf die ganze Windung 40—50 rechnen kann. Diese Rippen gehen mitunter unverzweigt über die Flanken und die Externseite fort, bald spalten sie sich in zwei, bald in drei Zweige, von denen einzelne mitunter zum zweiten Male dichotomiren, bald legen sich zwischen die erwähnten noch kürzere Schaltrippen ein, welche auf der Mitte der Flanken entspringen. Sämmtliche Rippen laufen etwas schräg nach vorn geneigt in gerader Richtung über die Flanken; in der Nähe der Externseite biegen sie sich stärker nach vorn und bilden auf derselben einen mässigen Bogen.

Die Loben sind so schlecht erhalten, dass eine Zeichnung derselben unmöglich war; man sieht indessen hinreichend deutlich, dass ein Aufsteigen derselben gegen die Naht hin stattfindet, derart, dass der erste Lateralsattel höher steht als der Externsattel, und der zweite Lateralsattel wieder bedeutend höher als der erste. In Folge dessen divergiren die beiden Laterallobsen und der untere ist stark gegen die Naht geneigt. Der Siphonallobus hat einen breiten und wenig hohen Körper und wird von dem oberen Lateral, der mit zwei gleichlangen Aesten endet, überragt.

Vorkommen: Dörenberg bei Iburg und Hüls bei Hilter.

Ammonites (Lytoceras) Seebachi n. sp.
Taf. IV, Fig. 1.

Der Durchmesser des am besten erhaltenen Exemplares mag 120 mm betragen, der Nabel hat einen Durchmesser von 40 mm, die letzte Windung hat eine Höhe von 42 mm, eine Dicke von 47 mm.

Die ziemlich gleichmässig gerundeten Windungen sind etwas breiter als hoch und berühren einander kaum. Die Nahtfläche ist hoch und steil, der Nabel mässig weit und tief. Die im Steinkern erhaltene Wohnkammer ist fast vollständig glatt; sie trägt nur einige wenige schwach angedeutete Rippen, die auf der Externseite fast ganz verwischt sind. Neben den Rippen sind an manchen Stellen zarte linienförmige Anwachsstreifen erhalten, welche auf der schwach concaven Internseite, wo sie dichtstehende, nach vorn gekehrte Bogen bilden, besonders ausgeprägt sind. Die inneren Windungen sind nur im Abdruck erhalten. Dieser lässt erkennen, dass der Nabel im Jugendzustande von einer Reihe rundlicher spitzer Knoten umgeben war (10—12 auf einen Umgang).

Der Bau der Lobenlinien ist verhältnissmässig einfach. Die Loben sind schmal und schlank, die Sättel breit und symmetrisch getheilt. Der Siphonallobus hat zwei mässig lange parallele Endäste, der obere Lateral ist ihm an Grösse ungefähr gleich und läuft in einen langen Endast aus. Der untere Lateral ist kleiner als der obere, aber verhältnissmässig breiter; zwischen ihm und dem langen und schmalen Internlobus stehen zwei unbedeutende Auxiliare.

Vorkommen: Tönsberg.

Ammonites (Hoplites) Teutoburgensis n. sp.
Taf. V, Fig. 1.

Von dem abgebildeten Exemplare ist nur die Wohnkammer als Steinkern erhalten, die inneren Windungen sind nach dem Abdruck aus Gyps hergestellt.

Durchmesser des Nabels 70 mm, Höhe der letzten Windung 60 mm, Dicke 56 mm.

Die Windungen sind wenig höher als breit, die Nahtfläche ist hoch, bei den inneren Windungen senkrecht, bei der letzten etwas geneigt, der Nabel ziemlich tief und weit. Auf der oberen Hälfte der Nahtfläche entspringt eine grosse Zahl (auf dem vorletzten Umgange mehr als 25) kräftiger, durch schmale Zwischenräume getrennter Rippen, die zum Theil, aber in ganz unregelmässigem Wechsel, am Grunde der Flanken einen hohen und stumpfen Knoten aufwerfen. Mitunter stehen zwei solcher geknoteten Rippen unmittelbar neben einander, mitunter sind sie durch mehrere knotenlose getrennt. Die geknoteten Rippen sind auch in ihrem weiteren Verlauf kräftiger entwickelt, breiter und höher als die ungeknoteten; beide Arten dichotomiren bald, bald bleiben sie einfach, und manche unter ihnen erheben sich auf der Mitte der Flanken auf's Neue zu einem Knoten, von dem bald eine, bald zwei sichelförmig nach vorn gekrümmte Rippen bis zur Externseite laufen. Während in der Nähe des Nabels und auf den Flanken in der Gestalt der Rippen keine Regelmässigkeit und in ihrer Anordnung keine Gesetzmässigkeit herrscht, ist die Sculptur der Externseite eine durchaus gleichmässige. Sämmtliche Rippen enden zu beiden Seiten der Siphonalgegend mit einem dicken stumpfen Höcker; diese Höcker stehen einander paarweise gegenüber und sind durch ein fast vollkommen glattes Band getrennt; nur in einzelnen Fällen ist zwischen ihnen durch eine leichte Erhebung eine Verbindung hergestellt. Auf den inneren Windungen laufen die Rippen ununterbrochen über die Externseite, zeigen dort aber eine deutliche Depression.

Die Loben sind nicht erhalten.

Vorkommen: Tönsberg bei Oerlinghausen.

Ammonites (Hoplites) Ebergensis n. sp.

Taf. IV, Fig. 7.

Durchmesser 25 mm, Höhe der letzten Windung 11 mm, Dicke 9 mm, Durchmesser des Nabels 7 mm.

Mit rasch anwachsenden Windungen, geneigter Nahtfläche und ziemlich engem Nabel. Die Windungen sind höher als breit und haben einen elliptischen Querschnitt. An der Nahtfläche des letzten Umgangs entspringen ungefähr 24 Rippen, von denen die eine Hälfte da, wo die Nahtfläche zu den Flanken umbiegt, einen rundlichen Knoten bildet. Von jedem Knoten läuft eine einfache, schmale, aber kräftige Rippe in gerader Richtung bis zur Mitte der Flanken, wo sie sich auf's Neue zu einem Knoten erhebt, um sich hinter demselben in zwei nach vorn gebogene Secundärrippen zu spalten. Letztere verdicken sich an der Grenze der Flanken und der Externseite wiederum zu einem scharfen länglichen Knoten und laufen endlich in der Medianlinie, wo sie fast verwischt sind, unter einem spitzen Winkel zusammen.

Alternirend mit den eben beschriebenen Rippen gehen vom Nabel andere aus, denen der erste Knoten fehlt, die dann wie jene auf der Mitte der Flanken einen kleinen Knoten bilden, hinter demselben aber einfach bleiben und nicht wie die Hauptrippen dichotomiren. In ihrem weiteren Verlauf an und auf der Externseite gleichen sie dann aber den letzteren vollkommen. Die Externseite bildet mit den zu ihren Seiten paarig einander gegenüberstehenden Knoten eine ebene, fast rechtwinklig gegen die Flanken abgesetzte Fläche.

Die Lobenlinien sind nicht sichtbar.

Von *Ammonites hystrix* PHILL. (NEUMAYR u. UHLIG l. c. pag. 175), mit der unsere Art in der Beschaffenheit der Sculptur einige Aehnlichkeit hat, ist sie durch die dichotomirenden Hauptrippen und durch die Beschaffenheit der Externseite leicht zu unterscheiden.

Vorkommen: Eheberg zwischen Oerlinghausen und Bielefeld.

Ammonites (Hoplites) bivirgatus n. sp.

Taf. V, Fig. 5.

Durchmesser ca. 34 mm. Nabelweite 10 mm.

Windungen wenig involut, höher als breit (13 : 11), die grösste Dicke liegt in der Mitte der mässig gewölbten Flanken. Der Nabel ist von mittlerer Grösse, die Nahtfläche steil und verhältnissmässig hoch, die Externseite abgeplattet. Die Berippung ist, wenn auch der vorigen Art ähnlich, doch in mancher Beziehung charakteristisch. An der Nabelkante der letzten Windung stehen ca. 16, auf dem hinteren Theile des Umgangs kleine, auf dem vorderen dagegen recht kräftig werdende Knoten, von denen in der Regel zwei, mitunter auch drei sichelförmig gebogene Rippen ausgehen, welche zum grösseren Theil in der Mitte der Flanken wiederum eine Knoten bilden, dann zum Theil dichotomiren, zum Theil einfach bleiben und zu beiden Seiten der Externseite mit länglichen convergirenden Knoten enden, zwischen denen ein glattes Band liegt.

Das zuletzt erwähnte Merkmal lässt *Ammonites bivirgatus* auf den ersten Blick von *Ammonites Ebergensis* unterscheiden.

Vorkommen: Tönsberg bei Oerlinghausen.

Ammonites (Hoplites) cf. *oxygonius* NEUM. u. UHLIG.

Taf. V, Fig. 4.

NEUMAYR und UHLIG l. c. pag. 171 t. 38 f. 2.

Der in den übrigen norddeutschen Hilsbildungen so häufig vorkommende *Ammonites noricus* SCHLOTH. bez. *Hoplites oxygonius* und *Hoplites amblygonius* N. u. U. ist im Teutoburger Walde nur schwach vertreten. F. ROEMER citirt ihn vom Barenberge bei Borgholzhausen; ich habe dort nur Abdrücke gefunden, welche dieser Art anzugehören scheinen, aber zur Abbildung und Beschreibung nicht ausreichen. Ausser diesen sind mir nur Bruchstücke vorgekommen, von denen ich das am besten erhaltene abgebildet habe. Dasselbe steht dem *Hoplites oxygonius* nahe, entspricht jedoch der Beschreibung von NEUMAYR und UHLIG nicht in jeder Beziehung. Die sichelförmigen Rippen treffen in der Medianlinie unter einem spitzen Winkel zusammen, aber die Intercostalräume sind ziemlich breit und die Spaltung der Rippen tritt häufig schon am Grunde der Flanken ein.

Vorkommen: Eheberg zwischen Oerlinghausen und Bielefeld.

Ammonites (Hoplites?) Uhligii n. sp.

Taf. VII, Fig. 1.

Durchmesser 225 mm, Höhe der letzten Windung 80 mm, Dicke 56 mm, Durchmesser des Nabels 95 mm.

Flach scheibenförmig, wenig involut, etwa ¼ bis ⅓ jeder Windung ist von der folgenden bedeckt. Weitgenabelt, mit langsam anwachsenden Windungen. Nahtfläche steil und schmal, Flanken ganz flach, Externseite kräftig gewölbt, Windungen erheblich höher als dick (1 : 0,70), die grösste Dicke liegt im unteren Drittel der Höhe.

An der Nahtfläche entspringen zahlreiche — auf dem letzten vollständig erhaltenen Umgange 31 — breite und wenig hohe, durch gleich breite Zwischenräume getrennte Rippen, welche zuerst in radialer Richtung bis zur Mitte der Flanken laufen und sich dann bald etwas mehr, bald weniger stark nach hinten biegen und die Externseite ununterbrochen überschreiten, doch scheint hier auf dem gekammerten Theile eine leichte Depression der Rippen Platz zu greifen. Zwischen diese Hauptrippen legen sich von der Mitte der Flanken her Schaltrippen ein, welche sich in ihrem weiteren Verlauf über die Flanken und die Externseite jenen vollkommen analog verhalten. In der Regel schaltet sich eine solche Secundärrippe ein, seltener zwei; eine Gesetzmässigkeit herrscht darin nicht. Mitunter, seltener auf den äusseren, häufiger auf den inneren Windungen, legen sich die Schaltrippen dichotomirend an die Hauptrippen an.

Die Loben konnten nur theilweise und unvollkommen erkannt werden. Der Externlobus ist kleiner als der sehr grosse und breite obere Lateral; der untere Lateral steht dem oberen auffallend an Grösse nach, der Externsattel ist ziemlich eng.

Ob die Art dem Subgenus *Hoplites* angehört, ist nicht ganz sicher, da der Jugendzustand gar nicht, die Loben nur ganz unvollkommen bekannt sind. Sie zu *Perisphinctes* zu stellen scheint der fremdartige Charakter der Berippung zu verbieten. Bevor Neumayr und Uhlig ihr Werk über die Ammonitiden der norddeutschen Hilfsbildungen veröffentlicht hatten, war ich geneigt, die Art als den erwachsenen Zustand von *Ammonites Deshayesii* anzusprechen; nach dem, was dort über den erwachsenen Zustand dieser Art gesagt ist, kann daran nicht mehr gedacht werden. Ein Vergleich der betreffenden Abbildungen zeigt das auf den ersten Blick. Bei *Ammonites Deshayesii* sind die Windungen höher, der Nabel ist enger und die Berippung zeigt einen anderen Charakter. Immerhin ist *Ammonites Deshayesii* diejenige Art, welcher die vorliegende am nächsten steht.

Vorkommen: *Ammonites Uhligii* hat sich in wenigen Exemplaren in dem fast petrefactenlosen, östlichen Theile des Teutoburger Waldes gefunden; Stemberg bei Berlebeck; Holzhausen und Velmerstoot bei Horn.

Crioceras Lév.

In neuerer Zeit herrscht unter den Autoren darüber Einstimmigkeit, dass die evoluten Ammonitenformen nicht in der früheren Weise lediglich nach der Form der Spirale classificirt werden können und dass die grösste Zahl der bisher als *Crioceras* und *Ancyloceras* beschriebenen Arten in einer Gattung zu vereinigen sind. Hinsichtlich des statt jener zwei Bezeichnungen fernerhin beizubehaltenden Namens herrscht eine solche Uebereinstimmung nicht. Während Pictet[1]) die Bezeichnung *Ancyloceras* festhält, zieht Neumayr[2]) *Crioceras* als die ältere vor und Dames[3]) greift auf *Ancyloceras* zurück. Wenn ich mich der Auffassung von Neumayr anschliesse, so ist für mich der Grund mitbestimmend gewesen, dass zwar sicher alle Ancyloceren im alten Sinne in einem früheren Altersstadium Crioceren (oder Hamiten) gewesen sind, während es weniger sicher sein dürfte, ob auch alle Crioceren sich im späteren Alter zu Ancyloceren entwickelt, d. h. ein Hufeisen gebildet haben. Uebrigens habe ich bei den Arten, welche nach dem früheren Gebrauch zur Gattung *Ancyloceras* gehören, diesen Namen in Klammern beigefügt.

Crioceras capricornu Roemer.

Roemer. Versteinerungen des norddeutschen Kreidegebirges pag. 92 t. 14 f. 6.
Neumayr und Uhlig. l. c. pag. 194 t. 53.

Mehrere Exemplare, von denen eines im Abdruck vollständig erhalten ist, während von anderen Bruchstücke des Steinkerns vorliegen, zeigen in jeder Beziehung die vollkommenste Uebereinstimmung mit der Beschreibung von Neumayr und Uhlig. Hinzuzufügen ist, dass auf den inneren Windungen die Rippen auf beiden Seiten der Externseite zu leichten Knoten anschwellen, ein Charakter, der mit zunehmendem Alter verschwindet und überhaupt nur auf dem Abdruck, nicht aber auf dem Steinkern erkennbar ist.

Vorkommen: Eheberg zwischen Oerlinghausen und Bielefeld.

Crioceras cf. *Roemeri* Neum. u. Uhlig.

Neumayr und Uhlig. l. c. pag. 182 t. 55.

[1]) Pictet und Campiche. Mat. III. St. Croix II.
[2]) Zeitschr. d. deutschen geol. Gesellschaft 1875 pag. 935.
[3]) Zeitschr. d. deutschen geol. Gesellschaft 1881 pag. 687.

Zwei nicht besonders gut erhaltene Bruchstücke, die einem vorgeschrittenen Wachsthumsstadium angehören, dürften dieser Art zuzuzählen sein. Sie unterscheiden sich von den betreffenden Theilen der l. c. abgebildeten Form dadurch, dass die Externknoten der Hauptrippen auch in diesem Altersstadium noch zu beiden Seiten der Externseite stehen, während dort der eine Knoten in die Medianlinie gerückt, der andere fast verschwunden ist. Das eine Exemplar trägt auf der Internseite keine durch die Stacheln der vorhergehenden Windungen hervorgebrachten Eindrücke; bei einem anderen grösseren aber kürzeren Bruchstücke sind diese Eindrücke, und zwar der Sculptur der Externseite entsprechend, paarig vorhanden.

Vorkommen: Hohnsberg bei Iburg.

Crioceras (Ancyloceras?) Seeleyi NEUM. u. UHLIG.

NEUMAYR und UHLIG. l. c. pag. 185 t. 51 und 52.

Einige ungekammerte Bruchstücke gleichen in Bezug auf die Sculptur durchaus der l. c. abgebildeten Art. Ueber die Flanken laufen leicht sichelförmig gekrümmte breite Rippen, von denen jedesmal die dritte kräftiger entwickelt ist und sich an der Externseite, auf der sämmtliche Rippen schwächer werden, zu einem stumpfen Knoten erhebt. Auf der Internseite sind die Rippen verschwunden und durch dichtstehende, nach vorn gekrümmte, zarte Linien ersetzt. Die vorliegenden Bruchstücke gehören einem gestreckteren Theile des Gewindes an und bei einem scheint der vordere Theil im Begriff zu sein einen Haken zu bilden.

Vorkommen: Hüls bei Hilter.

Crioceras (Ancyloceras) cf. Ewaldi DAMES.

DAMES. Ueber Cephalopoden aus dem Gaultquader u. s. w. Zeitschr. d. deutschen geol. Gesellschaft 1881 pag. 690 t. 25 u. t. 26 f. 1.

In der Sammlung der Akademie zu Münster liegen drei schlecht erhaltene Exemplare bez. Bruchstücke eines Ancyloceras aus dem Hilssandstein der Umgebung von Longerich, welche Ancyloceras Ewaldi sehr nahe stehen, wenn sie nicht damit identisch sind. Der Erhaltungszustand lässt eine sichere Entscheidung nicht zu.

Von einem Exemplar von 240 mm grösster Durchmesser ist ein Stück der Spirale, der gestreckte Theil und der grösste Theil des Hakens erhalten, doch ist es nicht gelungen, die Internseite von dem anhaftenden Gestein zu befreien. Der spiralig gewundene Theil ist mit dichtstehenden, einfachen, knotenlosen, wenig hohen Rippen bedeckt, welche die Externseite ohne Unterbrechung überschreiten. Dieselben Rippen setzen sich auch noch auf den gestreckten Theil fort, werden aber auf dem grössten Theile desselben und auf dem Hufeisen durch viel kräftigere, geknotete und entfernter stehende Rippen ersetzt. Mehrere der letzteren tragen vor der Mitte der Flanken einen dicken Höcker und theilen sich dann in zwei divergirende Rippen, welche in einiger Entfernung vom ersten auf's Neue zu einem Knoten anschwellen und endlich auf der Externseite noch einmal einen Knoten bilden. Die Knoten der letzten Art stehen auf der Externseite einander paarweise gegenüber; zwischen ihnen sind die Rippen auf der Externseite niedergedrückt, eingesattelt. Das eben beschriebene Verhalten scheint indessen keineswegs constant zu sein; es scheinen neben den dichotomirenden auch einfache, in ähnlicher Weise geknotete Rippen vorzukommen, zwischen die sich kürzere Schaltrippen von der Externseite her einlegen.

Die Zugehörigkeit unserer Form zu Ancyloceras Ewaldi findet eine weitere Stütze in dem Verhalten des gestreckten Theils, der nicht wie bei Ancyloceras gigas Sow. sattelförmig eingebuchtet, sondern schwach nach aussen gebogen ist. Ob auf den Rippen des spiraligen Theiles Knoten vorkommen, liess sich nicht erkennen.

Ein anderes Bruchstück derselben Art, an dem die Spirale ganz fehlt, ist auf dem Hufeisen in analoger Weise berippt, d. h. mit dichotomirenden knotigen Rippen besetzt, während die ähnlich gebauten Rippen des gestreckten Theils einfach sind.

Vorkommen: Umgegend von Lengerich. (*Ancyloceras Ewaldi* ist von DAMES aus dem Gaultquader des Hoppelberges bei Langenstein unweit Halberstadt beschrieben.)

Crioceras (Ancyloceras) sp. indet.

Es liegt mir ein Exemplar vor, von dem ein Stück der Spirale und der gestreckte Theil erhalten sind, die inneren Windungen aber ganz fehlen. Der grösste Durchmesser beträgt 320 mm, die Höhe der Windung ist ziemlich gleichmässig 80 mm, die Dicke 70 mm. Der gestreckte Theil ist schwach im Sinne der inneren Windungen gekrümmt. Die Windungen sind höher als dick, die grösste Dicke liegt in der Nähe der Internseite. Die letztere ist breit und flach, die Flanken setzen sich unter abgerundeten rechten Winkeln an sie an; die Flanken sind schwach convex, die Externseite ist ziemlich schmal und regelmässig gewölbt. Kräftige einfache Rippen, die auf der Externseite in Abständen von ca. 25 mm auf einander folgen, gehen in gerader Richtung über die Flanken und überschreiten die Externseite ununterbrochen und in unverminderter Stärke. Nicht weit von der Internseite ist jederseits ein schwacher Knoten auf ihnen angedeutet, Spuren eines solchen treten auch auf der oberen Hälfte der Flanken und schliesslich noch einmal zu beiden Seiten der Externseite auf. Sämmtliche Knoten sind aber sehr unbedeutend und undeutlich.

Sehr abgeschwächt setzen sich die Rippen auch über die Internseite fort, und hier schalten sich zwischen dieselben unregelmässige schwache Parallelstreifen ein, während die Zwischenräume auf den Flanken und der Externseite vollkommen glatt sind.

Von *Ancyloceras gigas* Sow. unterscheidet sich die Art durch die Gestalt des Querschnittes, durch die viel schwächere Ausbildung der Knoten, ferner dadurch, dass das erhaltene Stück des spiralig gekrümmten Theils in derselben Weise berippt ist wie das gestreckte, endlich durch die Art der Krümmung des gestreckten Theils. Die ersteren Unterscheidungsmerkmale treffen auch in Bezug auf *Ancyloceras Ewaldi* zu.

Vorkommen: Hüls bei Hilter.

Baculites LAM.

Baculites neocomiensis D'ORB.

Taf. III, Fig. 5—6.

D'ORBIGNY. Pal. fr. Ter. crét. I. pag. 560 t. 138.

Grösster Durchmesser 10 mm.

Zusammen mit *Ammonites bidichotomus* sind in ziemlich grosser Zahl Bruchstücke, die selten mehr als zolllang werden, am Hohnsberge bei Iburg vorgekommen. Die Steinkerne sind vollkommen gerade, niemals zeigen sie die geringste Spur einer Krümmung; sie verjüngen sich langsam, doch lässt sich schon bei mässig langen Bruchstücken erkennen, dass die Seiten nicht vollkommen parallel sind. Der Querschnitt ist kreisförmig bis breit oval. Ueber die Siphonalseite laufen faltenwurfartig breite und flache Rippen, die in sehr schräger Richtung über die Flanken gehen und bald verschwinden, so dass die Antisiphonalseite glatt ist. Einzelne Exemplare zeigen Einschnürungen.

D'ORBIGNY betont für diese Art das Fehlen des unteren Seitenlobus (vergl. auch PICTET, St. Croix II). Bei einem der vorliegenden Exemplare liessen sich die Loben erkennen, und es stellte sich heraus, dass auch hier ein unterer Seitenlobus nicht vorhanden ist. Die Identität unserer Art und der französischen steht deshalb ausser Frage.

4

Vorkommen: Hohnsberg bei Iburg.

Sonstiges Vorkommen: Unteres Neocom in Frankreich (Lieous und St. Julien).

Aptychus v. MEYER.

Aptychen, welche im alpinen Neocom häufig vorkommen (vergl. u. A. WINKLER, Verst. aus dem bayr. Alpengebiet J.), scheinen im übrigen Neocom nur selten erhalten zu sein. Der Neocomsandstein hat nur ein Exemplar geliefert.

Aptychus inverselobati n. sp.

Taf. VII, Fig. 2.

Der unvollkommen erhaltene papierdünne *Aptychus* steckt in der Wohnkammer eines Ammonitenbruchstückes des Subgenus *Olcostephanus*, das wahrscheinlich zu *Ammonites inverselobatus* NEUM. u. UHLIG gehört. Die Länge der Schalen, deren Wirbel zerstört sind, beträgt 60 mm, die ganze Länge wird vielleicht um 5 mm grösser anzunehmen sein, die Breite einer Schale 34 mm. Die Schalen haben eine zugerundet dreiseitige Gestalt, die nebeneinander liegenden geraden Innenränder werden durch eine vorspringende Leiste gebildet, neben der sich längs des ganzen Randes eine in der Nähe der Wirbel schmale und tiefe, weiterhin breitere und flachere Furche hinzieht.

Die Schalen sind mit zahlreichen unregelmässigen, schmalen, radialen Furchen bedeckt, welche längs des Aussenrandes kräftig hervortreten, nach den Wirbeln hin an Zahl abnehmen und undeutlicher werden und in der Umgebung der Wirbel bis etwa auf ein Drittel der Länge ganz fehlen. Die Umgebung der Wirbel dagegen trägt regelmässige concentrische, durch schmale Zwischenräume getrennte erhabene Streifen, welche am geraden Innenrande am deutlichsten sichtbar sind, nach dem Aussenrande hin schwächer werden. Nach unten hin verschwinden sie da, wo die radialen Furchen beginnen. Ausserdem tragen beide Schalen wenige unregelmässige, breite, concentrische Runzeln.

Vorkommen: Tönsberg bei Oerlinghausen.

Von Cephalopoden des Neocomsandsteins sind anderweitig erwähnt oder beschrieben:

Belemnites subquadratus ROEMER.

F. ROEMER: (1845) Grävinghagen, (1848) Tönsberg, (1850) Hünenburg, Gildehaus. v. DECHEN: Teklenburg, Knüll, Hünenburg, Tönsberg.

Belemnites Brunswicensis v. STROMB.?

WAGENER: Grävinghagen.

Nautilus pseudoelegans D'ORBIGNY.

F. ROEMER: (1850) Barenberg.

Nautilus neocomiensis D'ORB.

WAGENER: Aus dem Geröll des Taugenbachs bei Horn.

Ammonites Gevrilianus D'ORB.

DUNKER: (Palaeontographica I. pag. 324 t. 41 f. 22—24.) Aus dem Thoneisenstein von Grävinghagen.

Ammonites noricus v. SCHLOTH.

F. ROEMER: (1850) Barenberg. WAGENER: Menkhausen.

Ammonites Decheni Roem.

A. Roemer: (Nord. Kreide pag. 85 t. 13 f. 1) Grävinghagen. F. Roemer: (1845) Grävinghagen. (1848) Tönsberg, (1852) Karlsschanze bei Willebadessen, (1854) Losser bei Oldenzaal. v. Dechen: Teklenburg, Hüls, Tönsberg.

Ammonites multiplicatus Roem.

Wagener: Tönsberg.

Ammonites sp.? „Mit drei Reihen spitzer Knoten auf den Seiten.“

F. Roemer: (1850) Barenberg.

Ammonites sp.? „Grosse Form aus L. v. Buch's Abtheilung der Coronarier.“

F. Roemer: (1845) Grävinghagen.

Ammonites Caesareus Roem.

A. Roemer: (Nord. Ool. Nachtr. pag. 49); ist später (Nord. Kreide pag. 94) zurückgezogen und als *Hamites gigas* Sow. gedeutet. „Aus einem Sandstein von Iburg.“

Hamites (Ancyloceras, Crioceras) gigas Sow.

A. Roemer: (Nord. Kreide pag. 94) Hüls. F. Roemer: (1850) Knüll. v. Dechen: Borgloher Egge.

Hamites biplicatus Roem.

A. Roemer: (Nord. Kreide pag. 93 t. 14 f. 11) Hüls.

Crioceras Duvalii d'Orb.

F. Roemer: (1850) Gildehaus. (1852) Losser bei Oldenzaal.

Crioceras sp.?

Wagener: Velmerstoot.

III. Gastropoda.

Die Bestimmung und Untersuchung der Gastropoden unseres Vorkommens ist mit mehr Schwierigkeiten verknüpft als die der Cephalopoden. Der Steinkern, welcher leicht zerbricht, ist in den meisten Fällen für die Untersuchung unbrauchbar, und der Abdruck ist nur selten so erhalten, dass er ein einigermassen vollständiges Bild giebt. Dass bei dieser Beschaffenheit des vorliegenden Materials manche Unsicherheiten und Ungenauigkeiten, zumal bei Messungen von Winkeln u. s. w., kaum vermieden werden können, liegt auf der Hand. Die Zahl der beschriebenen Gastropoden ist nur gering und erschöpft bei Weitem nicht alle überhaupt vorkommenden Arten. Zahlreiche Bruchstücke von *Cerithium*, *Trochus*, *Turbo* und anderen nicht einmal generisch bestimmbaren Formen waren zur Beschreibung nicht ausreichend. Die Abbildungen sind mit wenigen Ausnahmen nach Abformungen der Abdrücke hergestellt.

Im Ganzen sind Gastropoden im Neocomsandstein ziemlich selten, sie finden sich fast nur in den Eingangs erwähnten petrefactenreichen Knollen. Einigermassen häufig kommen allein *Natica laevis*, *Cerithium quinquestriatum* und *Pterocera Moreausiana* vor.

Acteonina Icaunensis Pictet u. Camp.

Taf. VII, Fig. 3.

Pictet u. Campiche. Mat. III. St. Croix II. pag. 184 t. 60 f. 11.

Länge 18 mm, Spiralwinkel ca. 75°, Durchmesser 11 mm (0,61), Höhe der letzten Windung 12 mm (0,66).

Oval, mit verlängertem Gewinde und sieben gewölbten Windungen, deren jede von der vorhergehenden rechtwinkelig abgesetzt ist, wodurch die Naht kräftig markirt erscheint. Nach hinten biegen sich die Windungen zu einem flachen Rande um, so dass es das Ansehen gewinnt, als ob die jedesmal folgende Windung auf eine ebene Fläche aufgesetzt wäre. Das Gewinde wird durch dieses Verhalten sehr ausgesprochen treppenförmig. Die letzte Windung, welche ⅔ der ganzen Länge einnimmt, ist mit zahlreichen dichtstehenden und feinen Spirallinien bedeckt, welche das hintere Drittel derselben freilassen. Letzteres dagegen trägt undeutliche breite Anwachsstreifen, welche die Spirallinien unter Winkeln von ca. 60° treffen. Ehe die Windung sich umbiegt, um sich an die nächstfolgende anzulegen, tritt längs der Kante eine tiefe Spiralfurche auf, ebenso trägt der flache Absatz hinter dieser Kante drei mässig tiefe Spiralfurchen, von denen die erste kräftiger und granulirt ist. Alle drei sind von zarten Anwachsstreifen durchsetzt.

Die von Pictet l. c. abgebildete Form unterscheidet sich von der vorliegenden allein durch die geringere Grösse, da dieselbe aber auch eine Windung weniger hat, so ist wohl die Annahme berechtigt, dass dasselbe nur ein jüngeres Exemplar, nicht eine andere Art ist.

Vorkommen: Tönsberg.

Sonstiges Vorkommen: Unteres Neocom der Schweiz (St. Croix).

Acteon cf. marullensis D'Orb.

Taf. VII, Fig. 4—5.

D'Oraigny. Prodr. II. pag. 67.
Pictet u. Campiche. Mat. III. St. Croix II. pag. 189 t. 61.
Acteon affinis D'Orb. Pal. fr. Ter. crét. II. pag. 117 t. 167.

Länge bis zu 13 mm.

Oval, mit spitzem Gewinde und 5—6 gewölbten, durch eine tiefe Naht getrennten Windungen. Die letzte Windung, welche ⅔ der ganzen Länge einnimmt, hat eine schmale, mehr als doppelt so lange wie breite Mündung und trägt auf der Spindel zwei kräftige Falten. Sie ist ebenso wie die übrigen Windungen mit zahlreichen feinen, vertieften Spirallinien bedeckt, welche durch glatte Zwischenräume von einander getrennt sind. Diese Zwischenräume variiren erheblich in der Breite; oft sind sie kaum breiter als die Spiralfurchen, oft aber, besonders auf der Mitte der Windungen, 3—4 mal so breit wie diese. Der Steinkern ist glatt und genabelt.

Die Zugehörigkeit der vorliegenden Form zu Acteon marullensis ist zweifelhaft; ein in die Augen fallender Unterschied besteht darin, dass Acteon marullensis drei Spindelfalten trägt, während bei unserer Form nur zwei beobachtet wurden. Es bleibt auch die Möglichkeit offen, dass die Art der formverwandten Gattung Avellana angehört, freilich konnten an den erhaltenen Resten keine Spuren eines verdickten Mündungsrandes aufgefunden werden.

Vorkommen: Lämmershagen.

Natica laevis n. sp.

Taf. VII, Fig. 6.

Grösste Länge 15 mm, Höhe der letzten Windung 10,5 mm, Durchmesser 12 mm.

Eine indifferente, fast vollkommen glatte Art von ovaler Gestalt mit 6 gewölbten Windungen. Spiralwinkel ca. 70°, mit convexen Schenkeln. Die Naht ist tief eingeschnitten, das Gewinde von mässiger Grösse, die letzte Windung nimmt ⅔—¾ der ganzen Länge ein. Die Mündung ist ziemlich breit, doch weniger breit als lang. Längs- und Querdurchmesser derselben stehen im Verhältniss 3 : 2. Vorn ist sie breit abgerundet, hinten spitzwinklig. Der vollkommen glatte Steinkern hat einen spaltenförmigen Nabel. Der Abdruck lässt nur selten Spuren schwacher Anwachsstreifen erkennen.

Natica laevis ist verwandt mit *Natica laevigata* D'ORB. (Ter. crét. II. pag. 148 t. 170) = *Ampullaria laevigata* DESH. (LEYMERIE. Mém. soc. géol. V. pag. 13 t. 11). Um an diese Verwandtschaft zu erinnern, habe ich ihr den sonst nichtssagenden Namen *Natica laevis* gegeben. Sie erreicht indessen nie die Grösse von *Natica laevigata* und zeigt kaum Spuren von Anwachsstreifen, welche dort sehr ausgeprägt sind.

Vorkommen: *Natica laevis* ist das am häufigsten vorkommende Gastropod: Lämmershagen, Tönsberg, Hohnsberg u. s. w.

Turritella quinquangularis n. sp.

Länge 24 mm.

Lang und schmal mit flachen Windungen und kaum merkbar vertiefter Naht. Ausgezeichnet ist diese selten vorkommende Art durch den stumpf fünfeckigen Querschnitt, welcher dadurch hervorgebracht wird, dass sich fünf Reihen von Wülsten von der Spitze geradlinig längs des ganzen Gewindes herabziehen. Die Zahl der Windungen ist gross, sie beträgt jedenfalls mehr als zwölf. Die Mündung ist rundlich viereckig. Die Windungen tragen zahlreiche feine Spirallinien, welche durch breitere Zwischenräume getrennt sind, in denen noch je eine feinere Spirallinie verläuft, so dass ein regelmässiger Wechsel von stärkeren und schwächeren Spirallinien stattfindet.

Zur Abbildung sind die zwei Exemplaren angehörigen Reste nicht geeignet.

Vorkommen: Tönsberg.

Cerithium quinquestriatum n. sp.

Taf. VII, Fig. 7.

Lang und schmal, mit ungefähr 15 flachen Windungen, wenig vertiefter Naht und kurzem geraden Canal. Jede Windung trägt fünf erhabene, durch ganz schmale Furchen getrennte Spirallinien, welche nicht immer gleiche Stärke besitzen; häufig alterniren drei kräftigere mit zwei schwächeren. Dieselben werden von einer grossen Zahl — 15 bis 20 auf jeder Windung — erhabener, etwas gebogener Querstreifen geschnitten, so dass die Windungen mit kleinen Quadraten und Rechtecken bedeckt erscheinen, deren Ecken besonders markirt sind und sich zu kleinen Knötchen erheben. Auf der letzten Windung bildet die vordere granulirte Spirallinie eine Art stumpfen Kiel. Auch die Basis des Gewindes ist mit Spirallinien bedeckt, denen hier indessen die Querrunzeln fehlen.

Cerithium Hausmanni DE VERN. u. DE LORIÈRE (Déscr. des foss. du Néoc. sup. de Utrillas pag. 14 t. 2 f. 6) steht unserer Art nahe, hat aber gewölbtere Windungen und ein stumpferes Gewinde.

Vorkommen: *Cerithium quinquestriatum* kommt in den Eingangs erwähnten petrefactenreichen Knollen bei Lämmershagen und Oerlinghausen oft in grosser Menge vor.

Aporrhais acuta (D'ORB.) PICTET u. CAMP.

Taf. VII, Fig. 8.

PICTET u. CAMPICHE. Mat. III. St. Croix II. pag. 597 t. 93.
Rostellaria acuta D'ORBIGNY. Pal. fr. Ter. crét. II. pag. 298.

Länge mit dem Canal 24 mm, Durchmesser 9 mm.

Schlank und spitz, mit sieben bis acht convexen Windungen und mässig langem, geraden und schmalen Canale. Die letzte Windung ist, den Canal eingeschlossen, etwas länger als der übrige Theil des Gewindes und breitet sich in einen breiten, vorn bogig ausgeschnittenen, nach hinten in eine kurze Spitze auslaufenden Flügel aus. Die Windungen sind mit je 15 schrägen, nach der Wachsthumsrichtung hin concaven Wülsten bedeckt, welche auf der letzten Windung undeutlicher werden und schliesslich verschwinden, um durch einen markirten Kiel ersetzt zu werden, der sich bis in die Spitze des Flügels hinaufzieht. Diese Wülste bedecken auf der letzten Windung nur die hintere Hälfte, die vordere, in den Canal auslaufende, ist frei von ihnen, und eine vorspringende Linie, eine Art schwacher Kiel, grenzt beide Partien von einander ab. Ausser diesen Wülsten laufen über sämmtliche Windungen zahlreiche äusserst zarte und dichtstehende Spiralstreifen, die hinten in der Nähe der Naht am deutlichsten sind, auf der Mitte der Windungen schwächer und an der vorderen Naht wieder deutlicher werden. Solcher Spiralstreifen kommen auf jede Windung 24—30.

Ein leichter Unterschied zwischen der von Pictet l. c. gegebenen Abbildung und unseren Exemplaren besteht darin, dass dort die Wülste auf der letzten Windung eine grössere Länge besitzen.

Vorkommen: Tönsberg bei Oerlinghausen.

Sonstiges Vorkommen: Unteres und mittleres Neocom der Schweiz und Frankreich's.

Pterocera Moreausiana d'Orb.

Taf. VII, Fig. 9—10.

d'Orbigny. Pal. fr. Ter. crét. II. pag. 301 t. 211.
Pictet u. Campiche. Mat. III. St. Croix II. pag. 582.

Länglich oval, mit fünf bis sechs Windungen, von denen die vorderen scharf gekielt, die hinteren mehr und mehr gerundet sind. Die letzte Windung nimmt ohne den Canal mehr als die Hälfte der ganzen Länge ein und ist in einen bald mehr bald weniger ausgebreiteten Flügel erweitert. Sie trägt zwei sehr markirte Kiele, von denen sich der eine gegen die Mündung hin nach vorn, der andere nach hinten wendet, so dass beide im Flügel endlich unter einem rechten Winkel divergiren. Diesen Kielen entsprechen zwei fingerförmige Fortsätze des Flügels, welche eine wechselnde, mitunter recht bedeutende Länge haben, mitunter aber auch kaum aus der Fläche des Flügels heraustreten. Ausser den Kielen lässt der Abdruck und häufig auch der Steinkern der letzten Windung eine grosse Zahl von Spiralstreifen erkennen, die besonders deutlich auf der Gegend vor dem vorderen Kiele entwickelt sind. Unter diesen überragt häufig einer die übrigen und bildet dann ebenfalls eine Art Kiel, der indessen stets an Grösse hinter den beiden anderen zurücksteht und, soweit beobachtet werden konnte, nicht zur Bildung eines Fingers Veranlassung giebt. Der Raum zwischen den beiden Hauptkielen ist concav und mit einer wechselnden Zahl feiner Spiralstreifen bedeckt, unter denen bald einer, der in der Mitte zwischen den beiden Kielen verläuft, bald zwei, die eine mehr seitliche Stellung haben, deutlicher hervortreten. Auch die Gegend zwischen dem hinteren Kiele und der Naht trägt mehrere ähnliche Spirallinien.

Die hinteren Windungen zeigen nur je einen Kiel, da der vordere unter der Naht versteckt ist. Zu beiden Seiten desselben finden sich die feinen Spirallinien wieder, welche auch die letzte Windung trägt.

Nach vorn läuft das Gehäuse in einen stark gekrümmten schmalen Canal aus und nach hinten legt sich ein vierter fingerförmiger Fortsatz an das Gewinde an, der mitunter die Spitze desselben noch überragt.

Unsere Species gleicht, wenn der dritte Kiel deutlich entwickelt ist, der Pterocera Moreausiana d'Orb. in allen wesentlichen Merkmalen. Die d'Orbigny'sche Abbildung zeigt eine stärkere Entwicklung der Flügelfortsätze, als hier vorzukommen scheint, insbesondere ist auch der Canal länger, als ich ihn bei den vorliegenden Exemplaren beobachtet habe. Indessen ist die Ausbildung des Flügels bei verschiedenen Exemplaren so verschiedenartig, bald bedeutender bald geringer, dass darauf kein besonderes Gewicht gelegt werden kann. Ich habe deshalb kein Bedenken getragen, die Art mit Pterocera Moreausiana d'Orb. zu identificiren. Tritt dagegen der dritte Kiel zurück, erscheint er nur als ein etwas markirterer Spiralstreifen, oder ist unter den Spirallinien keine vor den übrigen ausgezeichnet, so wird unsere Species der *Pterocera bicarinata* D'ORB., wie dieselbe von PICTET (Mat. III. St. Croix II. pag. 579 t. 91 f. 5—8) aufgefasst wird, sehr ähnlich. Bei der sonstigen Uebereinstimmung beider Formen ist es unmöglich, dieselben zu trennen, zumal da sie durch Uebergänge mit einander verbunden sind.

Vorkommen: Hohnsberg bei Iburg. Tönsberg bei Oerlinghausen. Lämmershagen. Nicht selten.

Sonstiges Vorkommen: Unteres und mittleres Neocom Frankreich's und der Schweiz. *Pterocera bicarinata* kommt in der Schweiz im unteren und mittleren Gault vor.

Murex sp. indet.

Taf. VII, Fig. 11.

Länge 10 mm.

Mit aufgeblasenen Windungen und ausgezogenem Gewinde. Die letzte der vier Windungen läuft in einen geraden Canal aus, der ihr an Länge etwa gleichkommt. Die Windungen biegen sich nach hinten fast rechtwinkelig um und legen sich unter einem rechten Winkel an die nächstfolgende hintere Windung an, so dass das Gewinde ausgesprochen treppenförmig wird.

Die letzte Windung trägt ein Dutzend erhabener Wülste, welche auf der Mitte der Windung beginnen und vor der hinteren Biegung derselben etwas verdickt aufhören, so dass der hintere, rechtwinkelig abgesetzte Theil der Windung vollkommen glatt ist. Ein analoges Verhalten zeigen auch die hinteren Windungen, die Zahl der Wülste ist auf ihnen natürlich geringer und sie beginnen an der vorderen Naht.

Vorkommen: Tönsberg. Ein Exemplar.

Pleurotomaria Anstedi FORBES.

Taf. VII, Fig. 12.

FORBES. Quart. journ. geol. sol. I. pag. 349 t. 5 f. 1.
PICTET u. CAMPICHE. Mat. III. St. Croix II. pag. 435 t. 80 f. 3.

Durchmesser 37 mm.

Niedergedrückt kegelförmig, mit gerundeten, in der Mitte stumpf gekielten Windungen und convexem Spiralwinkel. Die Naht ist merklich vertieft. Die Windungen tragen zahlreiche Spiralstreifen, die auf der oberen Hälfte undeutlicher, unterhalb des Kiels jedoch kräftig, markirt und breit sind und von bogenförmigen Anwachsstreifen geschnitten werden. Letztere sind auf der oberen (hinteren) Hälfte der Windungen ebenfalls schwächer, der unteren (vorderen) geben sie im Verein mit den Spiralstreifen ein gegittertes Ansehen. Die Basis des Gewindes ist mit unregelmässigen Spirallinien bedeckt, die vom Nabel her durch wenig lange, transversale Streifen gekreuzt werden. Auf dem vorderen Theile der letzten Windung ist der Kiel durch die den Pleurotomarien eigenthümliche Spalte ersetzt. Der weit offene Nabel trägt im Inneren zahlreiche dichtstehende bogenförmige Anwachsstreifen. Der Steinkern ist bis auf die Spur des spaltenförmigen Einschnittes vollkommen glatt.

Da die vorliegenden Reste dieser Art nicht erkennen lassen, ob sich die Flanken kantig gegen die Basis absetzen, ein Verhalten, welches die Abbildungen von FORBES und PICTET übereinstimmend zeigen, so ist nicht jeder Zweifel über die Identität unserer Art mit den englischen u. s. w. Vorkommen beseitigt.

Vorkommen: Tönsberg bei Oerlinghausen. Zwei Exemplare.

Sonstiges Vorkommen: Aptien der Schweiz; Lowergreensand Englands.

Trochus biserialis n. sp

Taf. VII, Fig. 13.

Länge 12,3 mm, Höhe der letzten Windung 5 mm, Durchmesser 8,5 mm.

Länger als breit, ungenabelt von regelmässig conischer Gestalt, mit sechs flachen, durch die Knotenreihen etwas concav erscheinenden Windungen, von denen jede hintere etwas über die nächstfolgende vordere vorspringt. Jede Windung trägt zwei Reihen kräftiger Knoten, von denen die eine längs der hinteren, die andere in geringer Entfernung von der vorderen Naht verläuft; eine dritte schwächere, aus punktförmigen Knoten bestehende Reihe liegt in der vorderen Naht. Ausser diesen Knotenreihen tragen die Windungen zahlreiche unregelmässige und dichtstehende, schräglaufende, zarte Striche. Die letzte Windung ist durch einen granulirten Kiel, welcher der vorher erwähnten Punktreihe der Mittelwindungen entspricht, von der gewölbten Nabelfläche getrennt, welche letztere vier bis fünf ähnlich granulirte Spirallinien trägt.

Trochus bicinctus ROEM. Kreide pag. 81 = *Trochus tricinctus* ROEM. Ool. t. 20 f. 3 ist unserer Art verwandt, sein Gewinde ist indessen viel gestreckter.

Vorkommen: Lämmershagen bei Oerlinghausen. Eheberg zwischen Oerlinghausen und Bielefeld.

Trochus triserialis n. sp.

Länger als breit, von regelmässig conischer Gestalt, mit flachen Windungen und wenig vertiefter Naht. Jede Windung trägt drei Reihen rundlicher Knoten, von denen zwei längs der hinteren, die dritte in geringer Entfernung von der vorderen Naht verläuft. Die Mitte der Windungen und der vordere Theil derselben ist ausserdem von wenigen feinen Spirallinien durchzogen, welche von ebenso feinen, dichtstehenden Querlinien geschnitten werden. Die letzte Windung, auf welcher die dritte vordere Knotenreihe einen Kiel bildet, ist von der schwach gewölbten Nabelfläche durch eine ähnliche Knotenreihe getrennt. Letztere ist mit dichtstehenden spiralförmigen Punktlinien bedeckt.

Trochus triserialis ist mit der vorigen Art verwandt, aber jedenfalls specifisch davon verschieden. Das am meisten in die Augen fallende Unterscheidungs-Merkmal besteht darin, dass bei *Trochus biserialis* längs der hinteren Naht nur eine Knotenreihe liegt, bei *Trochus triserialis* dagegen zwei.

Vorkommen: Tönsberg bei Oerlinghausen.

Trochus Teutoburgiensis n. sp.

Taf. VII, Fig. 15.

Regelmässig conisch, mit sechs flachen Windungen, geraden Seiten, wenig markirter Naht und schief viereckiger Mündung. Ungenabelt, ungefähr ebenso breit wie lang. Die Zeichnungen bestehen aus erhabenen Leisten, die senkrecht oder etwas schräg von einer Naht zur anderen laufen und durch breitere, mit feinen Anwachsstreifen bedeckte Zwischenräume getrennt sind. Solcher Leisten stehen etwa 20 auf der letzten Windung; ausserdem aber tragen die Windungen 10 feine, gleichartige, durch breitere Zwischenräume getrennte Spirallinien. Die sehr schwach gewölbte Basis ist mit ebensolchen Spirallinien bedeckt und von den Seiten durch eine ziemlich scharfe Kante abgegrenzt.

Von bekannten Arten hat allein *Trochus Coupeti* PICTET u. CAMP. Aehnlichkeit mit unserer Art; er hat indessen einen weniger spitzen Spiralwinkel und unter den Spirallinien, welche die Windungen bedecken, treten vier besonders hervor, während dieselben bei unserer Art sämmtlich von gleicher Stärke sind.

Vorkommen: Tönsberg. Lämmershagen.

Trochus Oerlinghusanus n. sp.

Taf. VII, Fig. 14.

Von regelmässig conischer Gestalt, mit 6 flachen Windungen, wenig vertiefter Sutur und geradlinigem Spiralwinkel. Auf der letzten Windung stehen längs der Naht drei Reihen markirter Knoten. Vor diesen drei

Knotenreihen, welche von hinten nach vorn an Stärke abnehmen, liegt noch eine einfache, ziemlich schwache Spirallinie. Von der Nabelfläche ist die Seitenfläche der letzten Windung durch einen granulirten Kiel getrennt; die Zwischenräume zwischen den einzelnen Knoten und Knotenlinien sind mit zarten, dichtstehenden, schrägen Linien bedeckt. Analoge Zeichnungen trägt die vorletzte Windung: längs der hinteren Sutur liegen drei Knotenlinien, darauf folgt nach vorn eine einfache Spirallinie, darauf eine schmale, nur von zarten Querlinien bedeckte Zone, endlich hart an der vorderen Naht wieder eine kräftige Knotenlinie. Die hinteren Windungen lassen nur vier gleichartige granulirte Spirallinien erkennen, welche gleichmässig über die Fläche vertheilt sind.

Vorkommen: Tönsberg.

Turbo Antonii n. sp.

Taf. VII, Fig. 16—17,

Länge 8 mm.

Ebenso lang wie breit, mit niedrigem, treppenförmigem Gewinde. Eine jede Windung bildet hinten einen flachen Absatz, auf den die nächste Windung rechtwinklig aufgesetzt ist. Zahlreiche schmale, aber ziemlich hohe, durch breitere Zwischenräume getrennte Spirallinien bedecken die Windungen und werden von feinen, schräg und dicht stehenden Anwachslinien, welche besonders auf den flacheren Intercostalräumen sichtbar sind, geschnitten. Solcher Spirallinien zählt man auf der letzten Windung etwa zwölf. Die Umgebung des Nabels ist gewölbt und ebenso wie die Seiten mit Spirallinien überzogen, welche hier einen noch weiteren Abstand haben. Die Mündung ist fast kreisförmig.

Turbo Antonii steht dem *Turbo Blancheti* Pictet u. Camp. (Mat. III. pag. 472 t. 82 f. 10) nahe, ohne jedoch identisch damit zu sein. U. a. sind bei *Turbo Blancheti* die Spirallinien breiter als ihre Zwischenräume; hier ist es umgekehrt.

Vorkommen: Tönsberg.

Helcion cf. inflexum Pictet u. Camp.

Taf. VII, Fig. 18—19.

Pictet u. Campiche. Mat. III. St. Croix II. pag. 716 t. 98.

Länge 11,5 mm, Breite 10 mm, Höhe 5 mm.

Wenig länger als breit, mehr als doppelt so lang wie hoch. Mit spitzem, nach hinten gekehrten, excentrischen Scheitel. Steinkern und Abdruck sind fast vollkommen glatt, nur stellenweise zeigen sich wenige, schwache, concentrische Falten. Der vordere Theil ist gewölbt, der hintere, nach dem sich der Scheitel wendet, leicht concav.

Vorkommen: Tönsberg: Lämmershagen.

Dentalium cf. valangiense Pictet u. Camp.

Taf. VII, Fig. 20.

Pictet u. Campiche. Mat. III. St. Croix II. pag. 723 t. 98.

Lang conische, sich langsam verjüngende, etwas gekrümmte, vollkommen glatte Steinkerne von kreisförmigem Querschnitt.

Die vorliegenden Steinkerne sind zu unvollkommen erhalten, als dass eine sichere Bestimmung möglich wäre; vielleicht sind dieselben identisch mit *Dentalium valangiense* aus dem oberen Valangien von St. Croix, einer Art, die freilich selbst nur unvollkommen bekannt ist.

Vorkommen: Tönsberg, Lämmershagen.

Gastropoden des Neocomsandsteins waren bisher nicht beschrieben. Die einzige Art, welche ich erwähnt finde, ist *Turbo pulcherrimus* ROEM. (bei WAGENER l. c.): Tönsberg.

IV. Lamellibranchiata.

Zweischaler sind im Neocomsandstein in grösster Zahl und Mannigfaltigkeit vertreten. Manche Geschlechter, z. B. *Panopaea* und *Thracia*, zeigen eine grosse Variabilität und weisen eine verhältnissmässig grosse Artenzahl auf. Mit den beschriebenen Formen ist das Material nicht erschöpft, besonders von *Panopaea* besitze ich ein reiches Material, welches theilweise leider so schlecht erhalten ist, dass manche Formen, welche keiner der beschriebenen Species anzugehören schienen, unberücksichtigt bleiben mussten.

Unter den 56 beschriebenen Arten befinden sich 20 neue Formen, und in Bezug auf die Zugehörigkeit einiger anderer zu bekannten Arten sind nicht alle Zweifel gehoben.

Pholadomya alternans ROEM.

Taf. VIII, Fig. 1; Taf. IX, Fig. 11.

ROEMER. Versteinerungen des norddeutschen Kreidegebirges pag. 76.

Länge 75 mm,   Höhe 48 mm (0,64),   Dicke 40 mm (0,53),

    „ 52 mm,   „ 31 mm (0,60),   „ 32 mm (0,61).

Ohne Arealleiste. Vorderrand und Schlossrand stehen nahezu senkrecht auf einander, der Unterrand ist mässig gebogen, so dass der Schlossrand und Unterrand annähernd parallel laufen. Letzterer geht allmählich in den breit gerundeten Hinterrand über. Die breiten Buckeln sind ganz nach vorn gerückt, die Vorderseite ist herzförmig und flach. Die Schalen klaffen an beiden Enden nur wenig, die grösste Dicke liegt etwa in der Mitte, nach hinten nimmt sie rasch ab.

Die Schalen sind mit 13—15 breiten und kräftigen Radialrippen bedeckt, nur auf dem vorderen Ende und auf der oberen Parthie des verlängerten Hintertheils fehlen dieselben. Sämmtliche Rippen sind schräg nach hinten gerichtet, auch die vorderen treffen den Unterrand unter schiefen Winkeln. In der Nähe der Buckel lassen dieselben häufig ein Alterniren beobachten, derart, dass sich zwischen die von den Buckeln ausstrahlenden Rippen bald in geringerer, bald in grösserer Entfernung von der Ausgangsstelle secundäre Rippen einschalten. Letztere erreichen bei manchen Exemplaren rasch die Stärke der primären, so dass schon auf der Schalenmitte die Berippung vollkommen gleichartig erscheint; in anderen Fällen bleiben sie an Stärke hinter den letzteren zurück, so dass ein freilich nicht regelmässiger Wechsel zwischen stärkeren und schwächeren Rippen stattfindet. Ausserdem tragen die Schalen unregelmässige und undeutliche, auf der Vorderseite deutlicher entwickelte, concentrische Anwachsrunzeln.

In den relativen Dimensionen ist die Art, wie ein Blick auf die oben angegebenen Zahlen lehrt, ziemlich variabel; in vielen Fällen ist jedenfalls eine Verdrückung die Ursache mancher Formverschiedenheiten. Unter den bekannten Arten ist die noch lebende *Pholadomya candida* unserer Art im Umriss am ähnlichsten.

Vorkommen: Grävinghagen bei Oerlinghausen.

Sonstiges Vorkommen: Hilsconglomerat Norddeutschlands.

Pholadomya cf. gigantea SOW.

Taf. VIII, Fig. 2—3.

SOWERBY in FITTON, Geol. trans. Ser. II. Vol. IV. pag. 338 t. 14 f. 1.

MÖSCH, Monographie der Pholadomyen pag. 82 t. 30 f. 6, t. 31 f. 2—4.

Pholadomya elongata MÜNSTER in GOLDFUSS, Petr. Germ. II. pag. 270 t. 157 f. 3.
PICTET u. CAMPICHE. Mat. IV. St. Croix III. pag. 74 t. 104 f. 1—4.

Es liegen zwei unvollständig erhaltene, aber einander ergänzende Exemplare vor, welche der *Pholadomya gigantea* nahestehen. Ihr Umriss ist oval, die Vorderseite vorgezogen, der Schlossrand über die breiten Buckel hinaus etwas nach vorn verlängert, der Unterrand stark gebogen. Eine Begrenzung der Area ist nicht vorhanden. Die Schalen klaffen nur wenig und sind mit ungefähr 40 dichtstehenden Radialrippen bedeckt, welche vorn senkrecht stehen, weiterhin mehr und mehr schräg nach hinten gerichtet sind und nur die Vorderseite und das obere Ende der Hinterseite freilassen. Die glatte Vorderseite ist durch die erste Rippe beiderseits scharf umrandet. Die Rippen sind alternirend angeordnet; zwischen die von den Buckeln ausstrahlenden legen sich in einiger Entfernung secundäre Rippen, welche meistens nicht die Stärke der Hauptrippen erreichen. Wenig deutliche concentrische Anwachsstreifen durchkreuzen die Rippen.

Pholadomya gigantea der Schweiz ist eine, besonders in Bezug auf die Gestalt des Umrisses variable Art; sie ist in der Regel aufgeblasener als unsere Form, und es fehlt ihr die scharfe Umrandung der Vorderseite. Eine Varietät derselben (cf. PICTET u. CAMPICHE l. c. t. 104 f. 2) steht der letzteren sehr nahe.

Vorkommen: Hünenburg bei Bielefeld; Grosse Egge bei Halle.

Sonstiges Vorkommen: *Pholadomya gigantea* kommt in der Schweiz vom Valangien bis hinauf in's Aptien vor.

Pholadomya Möschii n. sp.

Taf. VIII, Fig. 4.

Klein, oval, mit geradem Schlossrande und stark gebogenem Unterrande. Vorderseite breit gerundet, Hinterseite verschmälert. Die ziemlich spitzen Buckel liegen nahe an der wenig vorgezogenen Vorderseite. Die Schalen tragen deutliche concentrische Runzeln, welche von kräftigen Radialrippen geschnitten werden; letztere bedecken die ganze Schale mit alleiniger Ausnahme der Vorderseite, auch das Hintertheil ist bis zum Schlossrande, wo die letzten Rippen die Area umranden, von ihnen bedeckt. Bei allen Exemplaren ist übereinstimmend die Vorderseite beiderseits durch eine senkrecht (auf dem Unterrande) stehende Rippe eingefasst; zwischen dieser und der folgenden, schon etwas schräg stehenden Rippe liegt ein breiterer Zwischenraum als zwischen allen übrigen Rippen. Zwischen die von den Buckeln ausstrahlenden schalten sich häufig secundäre Rippen ein, welche erst auf der Mitte der Schalen entspringen.

Durch die umrandete Area unterscheidet sich *Pholadomya Möschii* leicht von den beiden anderen Arten unseres Vorkommens.

Vorkommen: Tönsberg.

Goniomya caudata AG.

Taf. VIII, Fig. 5.

AGASSIZ. Études critiques sur les Myes pag. 22 t. 1b f. 1—3.
Pholadomya Agassizii D'ORBIGNY. Pal. fr. Ter. crét. III. pag. 352 t. 365 f. 1—3.
PICTET u. CAMPICHE. Mat. IV. St. Croix III. pag. 84 t. 106 f. 4—6.

Länge 27 mm, Höhe 15 mm (0,55).

Die vorliegenden Exemplare stimmen in allen wesentlichen Merkmalen mit den l. c. gegebenen Abbildungen und Beschreibungen überein. Die Hinterseite ist länger und etwas schmaler als die Vorderseite und am Ende abgerundet. Der Unterrand ist wenig gebogen. Von den Buckeln läuft in geringer Entfernung vom Schlossrande und parallel zu demselben eine ziemlich scharfe Leiste nach hinten. Die Falten sind auf dem Steinkern bald mehr, bald weniger deutlich ausgeprägt; sie laufen vorn schräg, hinten fast senkrecht zum

Unterrande und treffen in der Nähe der Buckel, oft bis zur Mitte der Schalen hinab, unter spitzen Winkeln zusammen. In der Nähe des Vorder-, Hinter- und Unterrandes, wo die Schrägfalten fehlen, treten wenig markirte Anwachsstreifen auf.

Unsere Formen weichen von den Typen der Schweiz u. s. w. dadurch etwas ab, dass die Buckel etwas weiter vom Vorderrande entfernt liegen, auch scheinen die Falten kräftiger ausgeprägt zu sein; endlich treffen die Falten bis zur Mitte der Seiten herab unter spitzen Winkeln aufeinander, während bei den Abbildungen von d'Orbigny und Pictet diese Verbindung schon früher aufhört.

Vorkommen: Tönsberg; Lämmershagen; Eheberg.

Sonstiges Vorkommen: Mittleres Neocom (Marnes d'Hauterive) und Valangien Frankreich's und der Schweiz.

Goniomya cf. Villersensis Pictet u. Camp. sp.

Taf. VIII, Fig. 6.

Pholadomya Villersensis Pictet u. Campiche. Mat. IV. St. Croix III. pag. 86 t. 106 f. 7.

Länge 31 mm, Höhe 19 mm (0,61).

Einige Exemplare, welche sich von Goniomya caudata auf den ersten Blick durch die breite, schräg abgestutzte Hinterseite unterscheiden, erhalten durch eben diese Eigenthümlichkeit grosse Aehnlichkeit mit Goniomya Villersensis aus dem Valangien von Villers le lac, der sie auch dadurch gleichen, dass der Hintertheil weit stärker klafft als bei Goniomya caudata. Eine areale Begrenzung der Schlossgegend ist nur in der unmittelbaren Nähe der Buckel vorhanden, in geringer Entfernung davon verwischt sich die Leiste. Die Schrägfalten sind etwas anders angeordnet wie bei Goniomya caudata; die vorderen und hinteren Falten treffen in unmittelbarer Nähe der Buckel unter spitzen Winkeln auf einander, nach der Schalenmitte hin wird die Verbindung zwischen ihnen durch eine horizontale wenig markirte Zwischenfalte hergestellt. Mitunter fehlen diese Zwischenfalten, dann ist ein dreieckiger Raum auf der Mitte der Schalen, dessen Spitze in der Nähe der Buckel liegt, und dessen Basis der Unterrand bildet, fast vollkommen glatt. Endlich laufen die vorderen Schrägfalten dem Unterrande nahezu parallel, während sie bei Goniomya caudata stark gegen denselben geneigt sind.

Durch die angegebenen Verschiedenheiten sind die zwei im Teutoburger Walde vorkommenden Formen scharf von einander geschieden. Dieselben decken sich aber nicht vollkommen mit den von d'Orbigny und Pictet beschriebenen Formen. So zeigt u. a. die Abbildung von Goniomya caudata bei d'Orbigny t. 365 f. 3 eine Anordnung der Falten, welche der bei unserer Goniomya cf. Villersensis ähnlich ist, und bei Pholadomya Villersensis Pictet u. Camp. sind die hinteren Schrägfalten „schwach und unregelmässig", bei unserer Form dagegen kräftig und regelmässig.

Vorkommen: Tönsberg bei Oerlinghausen; Wistinghausen.

Panopaea irregularis d'Orb.

d'Orbigny. Pal. Fr. Ter. crét. III. pag. 326 t. 352 f. 1—2.

Ein unvollständig erhaltenes Exemplar dieser Art, das in unverletztem Zustande eine Länge von ca. 100 mm gehabt hat, ist durch den geraden, parallel zum Schlossrande laufenden Unterrand, die breiten vorspringenden Buckel und die weitklaffenden Schalen hinreichend charakterisirt, um eine sichere Bestimmung zu ermöglichen. Die ausgeprägten concentrischen Runzeln biegen sich hinten senkrecht zum Unterrande nach oben.

Vorkommen: Tönsberg bei Oerlinghausen.

Sonstiges Vorkommen: Unteres Neocom Frankreich's.

Panopaea Dupiniana D'ORB.

D'ORBIGNY. Pal. fr. Ter. crét. III. pag. 328 t. 353 f. 1—2.
PICTET u. CAMPICHE. Mat. IV. St. Croix III. pag. 62.

Länge 87 mm.

Lang und sehr ungleichseitig. Die verhältnissmässig kurze Vorderseite ist abgestutzt, die Hinterseite gleichmässig gerundet, der Unterrand wenig gebogen. Vorn klaffen die Schalen nur unbedeutend, hinten dagegen sehr stark. Die grösste Dicke liegt hinter den Buckeln, etwa in der Mitte der Schalen. Von den breiten Buckeln zieht sich ein breiter undeutlicher Wulst nach dem Obertheil des Hinterrandes, und bewirkt, dass die Schlossgegend hinter den Buckeln ziemlich flach erscheint. Der Steinkern trägt unregelmässige und wenig hervorstehende concentrische Anwachsstreifen.

Panopaea Dupiniana ist leicht kenntlich an der ausserordentlich verlängerten Gestalt. Wiewohl das einzige vorliegende Exemplar nicht vollständig erhalten ist, lässt es die charakteristischen Merkmale der Art doch in hinreichender Deutlichkeit erkennen.

Vorkommen: Dörenberg bei Iburg.

Sonstiges Vorkommen: Valangien, mittleres Neocom (Marnes d'Hauterive) und Urgon Frankreich's und der Schweiz.

Panopaea neocomiensis D'ORB.

Taf. VIII, Fig. 7.

D'ORBIGNY. Pal. fr. Ter. crét. III. pag. 329 t. 353 f. 3—8.
PICTET u. CAMPICHE. Mat. IV. St. Croix III. pag. 49 t. 100 f. 10—12.
Pholadomya neocomiensis LEYMERIE. Mémoires de la société géologique de France. Vol. V. pag. 3 t. 3 f. 4.
Myopsis neocomiensis AGASSIZ. Études critiques sur les Myes. pag. 257 t. 31 f. 5—12.

Länge 36 mm, Höhe 19 mm, Dicke 14 mm.

Langgestreckt, ungleichseitig. Vorderseite kurz, etwa ein Drittel der ganzen Länge einnehmend, gerundet, vorn etwas abgestutzt, Hinterseite verlängert, nach hinten wenig verschmälert, am Ende gerundet. Unterrand mässig gebogen. Die Dicke der Steinkerne ist nicht bedeutend, sie geht bei unverdrückten Exemplaren nicht über 0,39 (in Bruchtheilen des Längsdurchmessers) hinaus; am grössten ist sie in der Mitte des Steinkerns, erst von da ab beginnt die Verengerung des hinteren Endes. Das Verhältniss der Höhe zur Länge schwankt zwischen den Werthen 0,51 und 0,55. Die Schalen klaffen vorn und hinten nur wenig, die Buckel sind dick, zugespitzt und ziemlich vorspringend. Auf beiden Seiten tragen sie je einen stumpfen Kiel, von denen der eine die Vorderseite undeutlich umgrenzt, während der andere in der Richtung nach dem hinteren Ende des Unterrandes verläuft, sich aber verwischt, ehe er diesen erreicht. Beide Kiele treten wenig hervor. Der Steinkern ist mit schwachen concentrischen Runzeln dicht bedeckt, und der Abdruck lässt auf der Vorderseite eine äusserst zarte radiale Streifung erkennen.

Es sind mir wiederholt Zweifel aufgestiegen, ob unsere Form mit dem französischen Typus von Panopaea neocomiensis identisch ist, da die Abbildungen bei D'ORBIGNY u. a. leichte Abweichungen in der Gestalt zeigen; eine Abtrennung schien mir aber doch nicht berechtigt zu sein, da die charakteristischen Merkmale: die Umrandung der Vorderseite und die radiale Streifung vorhanden sind. Nahe verwandt ist eine der hierhergehörigen Formen mit Panopaea Robinaldina D'ORBIGNY (Ter. crét. III. pag. 331 t. 354 f. 3—5); im Gesammtumriss ist sie der von D'ORBIGNY gegebenen Abbildung zum Verwechseln ähnlich, sie ist nur um ein geringes kürzer und dicker und trägt auf der Vorderseite die radiale Streifung, welche der Panopaea Robinaldina fehlt.

Vorkommen: Panopaea neocomiensis ist ziemlich häufig. Sie findet sich im Tönsberge, bei Lämmershagen, im Hohnsberge und Dörenberge bei Iburg.

Sonstiges Vorkommen: Häufig im mittleren Neocom (Marnes d'Hauterive), seltener im Valangien, Urgon und Aptien Frankreich's und der Schweiz. Lowergreensand England's.

Panopaea lateralis (AG.) PICTET u. CAMP.

PICTET u. CAMPICHE. Mat. IV. St. Croix III. pag. 54 t. 101 f. 1.
Myopsis lateralis AGASSIZ. l. c. pag. 259 t. 32 f. 6—7.

Länge 52 mm, Höhe 34 mm (0,65).

Ein Exemplar, welches mit keiner anderen hier vorkommenden Art verwechselt werden kann, stimmt mit der Beschreibung und Abbildung von *Panopaea lateralis* bei PICTET vollständig überein. Vorder- und Hinterrand sind gerundet, der Unterrand ist schwach aber gleichmässig gebogen. Die vorspringenden Buckel liegen nahe an der Vorderseite. Hinten klaffen die Schalen ziemlich stark.

Von *Panopaea neocomiensis* unterscheidet sich *Panopaea lateralis* durch die bedeutende Höhe, von *Panopaea irregularis* durch den gebogenen Unterrand und das geringere Klaffen der Schalen, von *Panopaea Teutoburgiensis* (s. u.) durch die gleichmässig gerundete Vorder- und nicht verschmälerte Hinterseite.

Vorkommen: Tönsberg bei Oerlinghausen.

Sonstiges Vorkommen: Mittleres Neocom (Marnes d'Hauterive) der Schweiz.

Panopaea sp. indet.

Die vorliegende, ziemlich häufig vorkommende Art, welche sich mit keiner bekannten identificiren lässt, ist niemals vollständig erhalten, das weitklaffende Hinterende ist stets zerbrochen, so dass es nicht möglich ist, auf das vorhandene Material eine neue Species zu gründen.

Der Vorderrand ist kurz und gerundet, der Unterrand gerade oder ganz schwach gebogen, das lange Hinterende ist verschmälert: Schloss- und Unterrand convergiren. Vorn klaffen die Schalen nur wenig, hinten dagegen stark. Die kräftigen Buckel spitzen sich ziemlich scharf zu. Steinkern und Schale, welche letztere in einzelnen Fällen erhalten ist, tragen bald mehr, bald weniger deutliche Anwachsrunzeln.

In der Gestalt erinnert die Art an die erwachsene Form von *Panopaea neocomiensis*, doch lassen die Schalenexemplare die für *Panopaea neocomiensis* charakteristische Streifung der Vorderseite gänzlich vermissen.

Vorkommen: Tönsberg bei Oerlinghausen und Hüls bei Hilter.

Panopaea cylindrica PICTET u. CAMP.

Taf. VIII, Fig. 8.

PICTET u. CAMPICHE. Mat. IV. St. Croix III. pag. 61 t. 103 f. 1—2.

Länge 50 mm, Höhe 26 mm (0,52), Dicke 25 mm (0,50).

Aufgeblasen, sehr ungleichseitig, fast ebenso dick wie hoch. Die Vorderseite ist sehr kurz, abgeplattet herzförmig, von den Flanken durch einen stumpfen Kiel getrennt, die Hinterseite sehr verlängert, am Ende gerundet. Der Unterrand, welcher sich unter einem abgerundeten rechten Winkel an den Vorderrand anschliesst, ist in seinem vorderen Verlauf gerade, biegt sich aber nach hinten aufwärts, um mit allmählicher Krümmung in den Hinterrand überzugehen. Die grösste Dicke liegt unter den Buckeln, so dass der Steinkern von oben gesehen eine ausgesprochen keilförmige Gestalt hat. Vorn klaffen die Schalen nur wenig, hinten dagegen ziemlich stark. Die Buckel sind klein und treten wenig hervor. Der Steinkern ist mit zahlreichen markirten concentrischen Anwachsrunzeln bedeckt, die vorn sowohl wie hinten schmaler, fadenförmig werden und gegen den Hinterrand fast ganz verschwinden.

Panopaea cylindrica ist an der cylindrischen Gestalt — Höhe und Dicke sind einander gleich — und an der kurzen abgeflachten Vorderseite leicht zu erkennen.

Vorkommen: Tönsberg. Mehrere verdrückte Exemplare von Grävinghagen bei Oerlinghausen und von Sandhagen bei Bielefeld (letztere in der Sammlung der Berliner Bergakademie) scheinen ebenfalls dieser Art anzugehören.

Sonstiges Vorkommen: Mittleres Neocom (Marnes d'Hauterive) der Schweiz.

Panopaea Teutoburgiensis n. sp.

Taf. VIII, Fig. 9.

Länge 60 mm, Höhe 34 mm (0,57), Dicke 26 mm (0,43).

Die relativen Dimensionen sind nicht constant, die Höhe schwankt zwischen den Werthen 0,54 und 0,62, die Dicke zwischen 0,43 und 0,46. Sehr ungleichseitig, die Buckel liegen innerhalb des vorderen Drittels der Länge, die Vorderseite ist gerundet, nach hinten hin etwas vorgezogen, die Hinterseite verschmälert und von oben her etwas schräg abgestutzt. Der Unterrand ist gekrümmt und nach hinten stark aufwärts gebogen. Die grösste Dicke liegt unterhalb der Buckel. Vorn klaffen die Schalen nur wenig, hinten etwas mehr. Der Steinkern ist mit concentrischen Runzeln bedeckt.

Von *Panopaea neocomiensis* unterscheidet sich diese Art durch die bedeutendere Höhe und Dicke, durch die schmalere und schräg abgestutzte Hinterseite und den stärker gekrümmten Unterrand.

Vorkommen: Tönsberg, Eheberg, Hüls bei Hilter.

Thracia elongata ROEM.

ROEMER. Versteinerungen des norddeutschen Kreidegebirges pag. 75 t. 10 f. 2.

Thracia elongata ist dadurch ausgezeichnet charakterisirt, dass die verschmälerte und gekielte Hinterseite viel länger ist, als die Vorderseite, während beim Genus *Thracia* in der Regel das umgekehrte Verhältniss stattfindet, oder höchstens beide Seiten gleich lang sind.

Als Fundort giebt ROEMER den „Quader des Hülses" an. Dies ist für PICTET die Veranlassung gewesen, *Thracia elongata* als eine Art der oberen Kreide aufzufassen; Mat. IV. St. Croix III. pag. 122 citirt er sie von Haldem. Wie bereits in der Einleitung bemerkt wurde, beruht das auf einem Irrthum, da das ROEMER'sche Citat „Quader des Hülses" oder „Quader des Teutoburger Waldes" sich auf den Hilssandstein bezieht.

Vorkommen: Grävinghagen bei Oerlinghausen.

Thracia Teutoburgiensis n. sp.

Taf. VIII, Fig. 11.

Länge 25 mm, Höhe 16 mm (0,64), Dicke 12 mm (0,48).

Um die Hälfte länger als hoch, etwas ungleichseitig, Vorderseite kürzer, verschmälert, vorn abgerundet, Hinterseite breiter, doch nach hinten ebenfalls etwas verschmälert. Unterrand unregelmässig gebogen (s. u.), Schlossrand hinten gerade, dem Unterrande fast parallel, vorn gegen den Unterrand convergirend. Hinterseite abgestutzt, doch ist dieselbe nicht ganz intact. Der obere Theil der Hinterseite ist von den Buckeln her seitlich zusammengedrückt, die comprimirte Partie ist durch einen stumpfen Kiel, welcher sich von den Buckeln nach dem tiefsten Punkte des Hinterrandes zieht, von dem übrigen regelmässig gewölbten Theile des Steinkerns abgeschnürt und hat eine abgerundet dreieckige Form. Eine eigenartige an die Gattung *Anatina* erinnernde Gestalt erhält *Thracia Teutoburgiensis* durch eine leichte Depression der Schalen, welche sich von den Buckeln nach dem Unterrande erstreckt, den sie etwa im vorderen Drittel erreicht und dem sie dadurch, dass derselbe an dieser Stelle eine flache Einbuchtung bekommt, die unregelmässig gekrümmte Form giebt.

Hinter den Buckeln liegt in geringem Abstande vom Schlossrande eine markirte Leiste, welche indessen verschwindet, ehe sie den Hinterrand erreicht. Hinten klaffen die Schalen mässig.

Thracia Teutoburgiensis erinnert an *Lyonsia carinifera* D'ORBIGNY aus dem Cenoman, doch ist u. a. der Kiel, dem diese Art den Namen verdankt, bei jener viel weniger markirt.

Vorkommen: Tönsberg bei Oerlinghausen. Zwei Exemplare.

Thracia striata n. sp.

Taf. VIII, Fig. 10.

Länge 46 mm, Höhe 33 mm (0,72), Dicke 18 mm (nicht genau, da die Schalen etwas gegen einander verschoben sind).

Breit oval, beinahe gleichseitig. Vorderseite breit und regelmässig gerundet, Hinterseite wenig verschmälert, hinten gerundet, die obere und hintere Partie derselben ist von den Buckeln her seitlich zusammengedrückt. Unterrand gebogen, Buckel kräftig und stark vorragend. Hinten klaffen die Schalen etwas. Ausser zahlreichen wenig markirten, concentrischen Anwachsstreifen tragen die Schalen auf der Mitte etwa ein Dutzend dichtstehender feiner Radiallinien, welche auf dem Steinkern fast ganz verwischt sind, sich aber auf dem Abdruck deutlich erkennen lassen. Fast auf der ganzen Vorderseite und auf dem grössten Theile der Hinterseite fehlen diese Streifen; auch in der Nähe der Buckel scheinen dieselben nicht vorhanden zu sein, so dass junge Exemplare vollkommen glatt sein werden.

Von *Thracia Phillipsii* ROEMER unterscheidet sich *Thracia striata* durch die viel geringere Höhe, von *Thracia Robinaldina* (D'ORB.) PICTET, der sie im gesammten Habitus ziemlich nahe steht, durch die radiale Streifung; Exemplare bei denen diese nicht erhalten ist, dürften sich kaum von *Thracia Robinaldina* trennen lassen, da die geringen Abweichungen in den Dimensionen eine specifische Trennung nicht rechtfertigen würden.

Vorkommen: Tönsberg bei Oerlinghausen.

Thracia cf. *neocomiensis* (D'ORB.) PICTET u. CAMP.

Taf. VIII, Fig. 12.

PICTET u. CAMPICHE. Mat. IV. St. Croix III. pag. 115 t. 108 f. 3—4.
Periploma neocomiensis D'ORBIGNY. Pal. fr. Ter. crét. III. pag. 382 t. 372 f. 3—4.

Länge 23 mm, Höhe 13 mm (0,56), Dicke 10 mm (0,43).

Oval, sehr ungleichseitig, Vorderseite breit, am Ende gerundet, fast doppelt so lang wie die Hinterseite. Hinterseite schmaler, das Ende gleichfalls abgerundet. Unterrand mässig gebogen. Die Hinterseite trägt einen von den Buckeln ausgehenden stumpfen Kiel, hinter dem der Steinkern stark seitlich zusammengedrückt ist.

Die vorliegende Art steht *Thracia neocomiensis* am nächsten, doch hege ich Zweifel an der Identität beider. U. a. ist bei ersterer der Unterrand stärker gebogen und die Höhe beträchtlicher.

Vorkommen: Tönsberg bei Oerlinghausen; Hohnsberg bei Iburg.

Thracia sp. indet.

Mehrere nicht abgebildete, unvollkommen erhaltene Exemplare gehören sicher einer bekannten Art nicht an. Sie sind charakterisirt durch geringe Dicke (15 mm bei 46 mm Länge), langgestreckte dreiseitige Form, von den Buckeln her verschmälerte Vorder- und Hinterseite, seitlich comprimirten Hintertheil und gebogenen Unterrand. Sie sind weniger hoch und stärker ungleichseitig als *Thracia striata*, weniger ungleichseitig und weniger dick als die vorige Art.

Vorkommen: Tönsberg bei Oerlinghausen.

Tellina Carteroni D'Orb.

o'Orbigny. Pal. fr. Ter. crét. III. pag. 420 t. 380 f. 1—2.
Pictet und Campiche. Mat. IV. St. Croix III. pag. 134.
Tellina angulata Desh. in Leymerie. Mém. soc. géol. V. pag. 3 t. 3 f. 6.
Forbes. Quart. Journ. I. pag. 239.

Länge 24 (bis 27) mm, Höhe 11 mm (0,46).

Lang, ungleichseitig und von sehr geringer Dicke. Vorderseite kürzer und abgerundet, Hinterseite länger, scharf gekielt, nach unten hin etwas zugespitzt. Der Abdruck ist mit zahlreichen dichten und zarten Anwachsstreifen bedeckt, daneben zeigt die Vorderseite eine zarte radiale Streifung, welche auf das vordere Viertel beschränkt bleibt.

Die Uebereinstimmung der vorliegenden Form mit denen aus dem französischen und schweizerischen Neocom und dem englischen Lowergreensand ist die denkbar vollkommenste; nur die radiale Streifung der Vorderseite wird von den citirten Autoren nicht erwähnt, auch an Exemplaren von Atherfield habe ich eine solche nicht entdecken können. Die Streifung ist indessen so zart, dass sie sich leicht verwischen und der Beobachtung entziehen kann.

Vorkommen: Eheberg zwischen Oerlinghausen und Bielefeld.

Sonstiges Vorkommen: Mittleres Neocom (Marnes d'Hauterive) Frankreich's und der Schweiz. Lowergreensand England's (Atherfield).

Venus neocomiensis n. sp.

Taf. VIII, Fig. 13.

Länge 20 mm, Höhe 16 mm (0,80), Dicke 10 mm (0,50).

Elliptisch, ungleichseitig, Hinterseite breit abgerundet, Vorderseite kürzer, verschmälert. Buckel spitz, nach vorn vorspringend. Steinkern glatt, beiderseits mit dem schwach angedeuteten Muskeleindruck und mit mässig tiefer dreieckiger Mantelbucht. Der Abdruck zeigt, dass die Schale mit zahlreichen feinen und dichten, in der Nähe der Buckel undeutlichen, gegen den Unterrand hin kräftigeren concentrischen Linien bedeckt war.

Venus neocomiensis steht der Venus Vibrayana D'Orb. nahe. Sie erreicht indessen niemals die Grösse, welche diese Art nach D'Orbigny und Pictet in der Regel besitzt; ein weiterer Unterschied besteht darin, dass bei Venus Vibrayana die concentrische Streifung die Schale gleichmässig bedeckt, während dieselbe bei unserer Art erst in der Nähe des Unterrandes deutlich wird.

D'Orbigny hat Pal. fr. Ter. crét. III. t. 384 f. 7—10 den Namen Venus neocomiensis gebraucht, die betreffenden Abbildungen beziehen sich aber nach Ausweis des Textes auf Venus vendoperata. Der Name Venus neocomiensis war also zu beseitigen und im Prodrome kommt derselbe auch nicht mehr vor. Ich habe denselben für die Art des Neocomsandsteins, welche der Venus vendoperata nahesteht, wieder aufgenommen.

Vorkommen: Tönsberg und Lämmershagen bei Oerlinghausen.

Thetis minor Sow.

Taf. IX, Fig. 5—6.

Sowerby. Min. Conch. t. 513.
Pictet und Campiche. Mat. IV. St. Croix III. pag. 202 t. 112 f. 4.
Thetis Sowerbyi Roemer. Versteinerungen des norddeutschen Kreidegebirges pag. 72.

Nach dem Vorgange A. Roemer's haben deutsche und englische Autoren Thetis minor und Thetis major Sow. unter dem Namen Thetis Sowerbyi vereinigt. Nach Sowerby besteht der einzige Unterschied seiner beiden Arten darin, dass Thetis major grösser und weniger aufgeblasen ist als Thetis minor, eine Verschiedenheit, die ja kaum eine specifische Trennung rechtfertigen würde. Pictet theilt die Roemer'sche Auffassung nicht, er hält *Thetis minor* und *major*, die weder räumlich noch zeitlich zusammen vorkommen, für zwei verschiedene Arten, giebt aber unterscheidende Merkmale nicht an. Das englische Vergleichungsmaterial, welches mir zu Gebote stand, reichte zur Entscheidung der Frage nicht aus und ebensowenig zur Beseitigung einiger durch die Sowerby'sche Abbildung hervorgerufener Zweifel darüber, ob das, was Pictet als *Thetis minor* beschreibt, wirklich mit *Thetis minor* Sow. aus dem Lowergreensand identisch ist. Eine Entscheidung darüber, ob *Thetis Sowerbyi* Roemer der einen oder anderen Sowerby'schen Art angehört, oder ob sie wirklich beide umfasst, oder endlich ob darunter eine von beiden verschiedene Art zu verstehen ist — auch diese Auffassung hat sich gelegentlich geltend gemacht — wird nicht zu treffen sein, da Roemer's Beschreibung nicht erschöpfend ist, eine Abbildung nicht existirt und die Originalexemplare nicht mehr vorhanden zu sein scheinen. Hiernach lässt sich für die im Teutoburger Walde vorkommende Form mit Sicherheit nur das aussagen, dass sie jedenfalls identisch ist mit der von Pictet und Campiche l. c. beschriebenen Art aus dem Aptien. Bezüglich der d'Orbigny'schen Interpretation von *Thetis minor* Sow. vergl. Pictet l. c.

Der betreffenden Beschreibung ist etwa Folgendes hinzuzufügen: Die relativen Dimensionen von vier verschiedenen Exemplaren sind:

Länge 32 mm, Höhe 32 mm (1,00), Dicke 22 mm (0,69)
» 25 » » 24 » (0,96), » 18 » (0,72)
» 23 » » 21 » (0,90), » 17 » (0,74)
» 22 » » 22 » (1,00), » 16 » (0,73)

Danach variirt das Verhältniss von Länge und Höhe innerhalb enger Grenzen; meistens sind beide Dimensionen einander gleich, mitunter aber ist die Länge etwas grösser als die Höhe, und dann gleichen die Exemplare vollkommen der Abbildung von Pictet. Die Dicke schwankt innerhalb weiterer Grenzen (0,69 bis 0,77), gewöhnlich sind grössere Exemplare etwas weniger, kleinere etwas mehr aufgeblasen.

Der Manteleindruck erstreckt sich mit seiner Spitze bis hoch auf die Buckel und legt sich hinten in einer wenig concaven Linie an den Muskeleindruck an; nach vorn bildet er einen nach oben offenen Bogen und wendet sich dann auf's Neue unter einem bald mehr, bald weniger spitzen Winkel nach dem Unterrande des hinteren Muskeleindrucks um. Bei kleinen Exemplaren ist der Bogen zwischen den aufwärts gekehrten Winkeln glatt und gleichmässig gerundet, bei grösseren häufig unregelmässig zackig. Die Steinkerne sind im Uebrigen vollkommen glatt, auf dem Abdruck grösserer Exemplare lassen sich mit blossem Auge zarte radiale Punktreihen erkennen.

Vorkommen: *Thetis minor* ist das im Neocomsandstein am häufigsten vorkommende Fossil. Es findet sich fast überall: Tönsberg, Lämmershagen, Eheberg, Hohnsberg u. s. w.

Sonstiges Vorkommen: Aptien Frankreich's und der Schweiz. Lowergreensand England's? Hilsbildungen Norddeutschland's?

Thetis Renevieri DE LORIOL.

de Loriol. Mat. I. Animaux invertébrés du Mt. Salève pag. 65 t. 9 f. 11.
Pictet und Campiche. Mat. IV. St. Croix III. pag. 201 t. 112 f. 1.

Thetis Renevieri, welche viel seltener als *Thetis minor* ist, unterscheidet sich von dieser durch die etwas ungleichseitigere Form, die etwas mehr vorragenden Buckel und vor allem durch die Gestalt des Manteleindrucks. Der dreieckige Sinus reicht fast bis zur Spitze des Buckels, vorn legt sich die Grenzlinie wie bei *Thetis minor* in schwacher Krümmung an den Muskeleindruck, hinten dagegen zieht sie sich in einer wenig gebogenen und niemals gebrochenen Curve nach dem hinteren Muskeleindruck.

Vorkommen: Tönsberg, Hohnsberg.
Sonstiges Vorkommen: Mittleres Neocom der Schweiz.

Isocardia Ebergensis n. sp.

Taf. IX, Fig. 7.

Länge 22 (bis 34) mm, Höhe 20 mm (0,90), Dicke 17 mm (0,77).

Abgerundet dreiseitig, etwas länger als hoch, sehr ungleichseitig. Vorderseite kurz, herzförmig, unter den Buckeln flach, unten vorgezogen. Unterrand gebogen, Hinterrand abgestutzt. Buckel gross, nach vorn gegen einander gedreht, doch weniger vorspringend als bei der Mehrzahl der bekannten Isocardien. Hinter den Buckeln liegt zu den Seiten des Schloss- und Hinterrandes eine Depression, so dass eine undeutlich umrandete Area entsteht, und innerhalb dieser Depression läuft dicht unter dem Schlossrande eine scharfe Leiste. Der Steinkern ist meist vollkommen glatt, selbst die Muskeleindrücke sind nicht sichtbar. Der Abdruck zeigt eine zarte und regelmässige concentrische Streifung, von der mitunter auch auf dem Steinkern Spuren erhalten sind.

Isocardia Ebergensis unterscheidet sich von der verwandten Isocardia neocomiensis D'Orb. u. a. durch die verhältnissmässig geringere Höhe.

Vorkommen: Eheberg zwischen Oerlinghausen und Bielefeld.

Crassatella Teutoburgiensis n. sp.

Taf. IX, Fig. 8.

Steinkern mit niedrigen, breiten und stumpfen Buckeln. Sehr ungleichseitig, Vorderseite ganz kurz, unten etwas vorgezogen, Hinterseite lang, nach hinten kaum verschmälert, am Ende gerundet. Die untere Hälfte des Vorderrandes, der wenig gebogene Unterrand und der Hinterrand sind gezähnelt. Die vorderen Muskeleindrücke sind ausserordentlich kräftig, ihre Ausfüllungen treten auf dem Steinkern weit vor; dahinter liegen von ihnen getrennt die viel kleineren Eindrücke der Nebenmuskeln. Die hinteren, fast kreisrunden Muskeleindrücke sind weniger markirt. Die Schlosslinie bildet unter den Buckeln ein mehrfach gekrümmtes Band.

Vom Abdruck sind nur wenige Bruchstücke erhalten, welche erkennen lassen, dass die Schale mit markirten, regelmässigen, concentrischen Streifen bedeckt war.

Vorkommen: Hohlenberg bei Lengerich.

Astarte numismalis D'Orb.

D'Orbigny. Pal. fr. Ter. crét. III. pag. 63 t. 262 f. 4—6.

Länge 5—7 mm.

Eine kleine, rundlich dreiseitige, nicht ganz so hohe wie lange Form, mit ungefähr 10 kräftigen, breiten und dichtstehenden, concentrischen Falten. Unterrand gezähnelt. Die hiesige Form scheint etwas aufgeblasener zu sein als die französische.

Von Astarte subdentata Roemer unterscheidet sie sich klar durch den rundlicheren, nirgends eckigen Umriss.

Vorkommen: Tönsberg, Lämmershagen.
Sonstiges Vorkommen: Mittleres Neocom der Schweiz und Frankreich's.

Lucina cf. *Sanctae Crucis* PICTET u. CAMP.

Taf. VIII, Fig. 14—15.

PICTET und CAMPICHE. Mat. IV. St. Croix III. pag. 289 t. 122 f. 8.

Länge 16,5 mm, Höhe 14,5 mm (0,88), Dicke 8 mm (0,48).

Fast kreisförmig, wenig länger als hoch, annähernd gleichseitig und von geringer Dicke. Buckel von mässiger Grösse, wenig vorspringend, etwas nach vorn geneigt. Vor und hinter den Buckeln zu beiden Seiten des Schlossrandes scharf gekielt. Der Steinkern ist meist vollständig glatt, der Abdruck trägt zahlreiche dichte und regelmässige concentrische Linien. Die Muskeleindrücke sind in keinem Falle erhalten, deshalb ist die generische Stellung der Art nicht ganz sicher.

Von bekannten Arten ist *Lucina Cornueliana* D'ORB. (*Lucina pisum* t. 281 f. 3—5) unserer Art verwandt, sie ist indessen mehr ungleichseitig und die Buckel ragen weiter vor. Mehr Uebereinstimmung im Umriss zeigt *Lucina Sanctae Crucis*. Der einzige Umstand, welcher eine Identificirung beider Arten zweifelhaft erscheinen lässt, ist der, dass unsere Form immer eine viel geringere Grösse hat.

Vorkommen: Die Art ist ziemlich häufig, sie findet sich im Tönsberge, bei Lämmershagen, im Eheberge und Hohnsberge. (*Lucina Sanctae Crucis* stammt aus dem unteren Gault von St. Croix).

Cardium Cottaldinum D'ORB.

Taf. IX, Fig. 3.

D'ORBIGNY. Pal. fr. Ter. crét. III. pag. 22 t. 242 f. 1—4.
PICTET und CAMPICHE. Mat. IV. St. Croix III. pag. 246 t. 118 f. 1—2.
KEEPING. Foss. of Upware and Brickhill pag. 118 t. 6 f. 4.

Länge 23 mm, Höhe 24 mm (1,04), Dicke 18 mm (0,80).

In der Regel etwa ebenso hoch wie lang, doch ist das Verhältniss von Länge und Höhe nicht constant; mitunter ist die Länge, mitunter die Höhe etwas grösser. Aufgeblasen, mit dicken zugespitzten Buckeln. Vorderseite und Unterrand gleichmässig gerundet, Hinterseite von oben her abgestutzt, so dass Hinter- und Unterrand unter einem abgerundeten Winkel zusammentreffen. Die vorderen Muskeleindrücke sind klein, die hinteren sind grösser und liegen in einem etwas flachen Felde, das beiderseits durch einen stumpfen, vom Buckel ausgehenden Kiel umrandet ist. Der Rand ist fein und dicht gezähnt.

Der Abdruck zeigt, dass die Schale über ihre ganze Fläche mit zahlreichen zarten und dichtstehenden Radialstreifen bedeckt ist. Der Steinkern ist glatt.

Die hiesige Form ist etwas von der von D'ORBIGNY abgebildeten verschieden. Ihre Höhe ist im Verhältniss zur Länge nie so gross wie dort, ihre Buckel springen deshalb nicht so stark vor, und der Schlosskantenwinkel ist stumpfer.

Vorkommen: Tönsberg, Lämmershagen, Eheberg.

Sonstiges Vorkommen: Mittleres und unteres Neocom in Frankreich und der Schweiz. Lowergreensand.

Cardium Oerlinghusanum n. sp.

Taf. IX, Fig. 4.

Länge 12 mm, Höhe 12 mm, Dicke 9 mm (0,75).

Kreisförmig, ebenso hoch wie lang, fast gleichseitig. Buckel klein, wenig vorspringend. Vorder-, Unter- und Hinterrand gleichmässig gerundet. Das hintere Drittel der Schalen ist mit 12—15 ziemlich groben, durch schmälere Zwischenräume getrennten Radialstreifen bedeckt, und im Uebrigen sind die Schalen glatt. Mitunter sind diese Streifen auch auf dem Steinkern erhalten.

Cardium subhillanum Leymerie, welches mit *Cardium Oerlinghusanum* einige Aehnlichkeit hat, ist grösser, trägt concentrische Linien und hat zartere Radialstreifen. Von *Cardium Cottaldinum*, mit dem die vorliegende Art zusammen vorkommt, unterscheidet sie sich u. a. durch die gröberen und auf das hintere Drittel beschränkten Radialstreifen.

Vorkommen: Tönsberg, Lämmershagen.

Trigonia Brug.

Im Neocomsandstein des Teutoburger Waldes kommen drei leicht unterscheidbare Trigonien vor, dieselben sind aber sämmtlich so unvollkommen erhalten, dass eine sichere Bestimmung unmöglich ist. Alle drei erinnern an bekannte Formen, die eine an *Trigonia scapha* Ag., und in diesem Falle zweifle ich bei der charakteristischen Sculptur der Schalen nicht an der Zugehörigkeit zu dieser Art, die andere an *Trigonia caudata* Ag., *Trigonia divaricata* d'Orb. und *Trigonia ornata* d'Orb., die letzte an *Trigonia rudis* Park. Der Vollständigkeit wegen führe ich die drei Arten im Folgenden mit auf.

Trigonia scapha Ag.

Agassiz. Études critiques sur les Trigonies pag. 15 t. 7 f. 17—20.
Pictet und Campiche. Mat. IV. St. Croix III. pag. 367 t. 128 f. 6—8.

Sehr ungleichseitig, Vorderseite kurz, gerundet. Ein von den Buckeln ausgehender scharfer Kiel trennt eine grosse Area von den Flanken ab. Die Seiten sind mit dicken, knotigen Rippen besetzt, welche in der Nähe des Buckels einen schwachen Bogen bilden; weiter nach unten treffen sich die vorderen und hinteren Theile der Rippen unter spitzen Winkeln, und endlich hört die Verbindung zwischen den Schenkeln dieser Winkel auf. Die Rippen der Vorderseite sind einfach, enden aber mit einem Knoten, oder bilden einen Knoten, ehe sie sich nach hinten und oben umbiegen, die hinteren Rippen, bez. die hinteren Theile der Rippen sind stark knotig und setzen sich über die Area hin fort. Ihre Zahl ist dort etwas grösser als auf den Seiten; auch ihre Gestalt wird auf der Area eine andere: sie werden einfach, knotenlos und viel schmaler; in der Nähe des Buckels sind sie am kräftigsten, nach dem Hinterrande werden sie mehr und mehr undeutlich. Zwischen dem Kiel, der die Area von den Seiten trennt, und dem Schlossrande trägt die Area zunächst eine Furche, die eine leichte Verschiebung der Rippen bewirkt, und dann in der Nähe des Schlossrandes einen zweiten Kiel, hinter dem die Rippen verschwunden sind.

Vorkommen: Tönsberg.

Sonstiges Vorkommen: Mittleres Neocom (Marnes d'Hauterive) Frankreich's und der Schweiz.

Trigonia sp. indet.

Höhe 60 mm.

Eine grosse, abgerundet dreiseitige Form mit verhältnissmässig kleiner Area. Die Schalen tragen 10—12 concentrische Reihen dicker runder Knoten. Diese Ornamentirung erinnert einigermassen an *Trigonia rudis* Park. Es bleibt indessen mehr als zweifelhaft, ob beide Formen identisch sind.

Vorkommen: Sandhagen bei Bielefeld. Mehrere Exemplare im Besitz der Bergakademie zu Berlin.

Trigonia sp. indet.

Eine kleine, äusserst zierliche Art, die kaum mehr als 15 mm Länge erreichen dürfte. Sehr ungleichseitig, Vorderseite kurz gerundet, Hinterseite verlängert und verschmälert, doch ist in keinem Falle der Gesammtumriss deutlich erkennbar. Der Steinkern ist vollkommen glatt, sein Buckel trägt vorn einen tiefen Einschnitt. Der Abdruck lässt die Ornamentirnng der Schale in hinreichender Deutlichkeit erkennen. Ein markirter gebogener Kiel grenzt eine breite, flache Area von den Seiten ab. Die letzteren sind mit ca. einem Dutzend sehr kräftiger, regelmässig gebogener concentrischer Rippen bedeckt. Diese Rippen sind nach dem Buckel hin steil, nach dem Unterrande hin weniger steil abgeböscht. Auf der unteren Seite sind sie mit dichtstehenden transversalen Leistchen besetzt, welche auf der oberen Kante der Rippen kleine Knötchen bilden. Sie setzen sich auch über die Area fort, sind dort indessen geradlinig, die transversalen Leistchen fehlen ihnen und ihre Zahl ist etwas grösser als auf den Seiten. Ehe sie den Schlossrand erreichen, werden sie noch einmal durch einen schwächeren, von dem Buckel ausgehenden Kiel geschnitten.

Die Ornamentirung der Schalen ist der von *Trigonia caudata* Ag., *Trigonia ornata* d'Orb. und *Trigonia divaricata* d'Orb. ähnlich. Trotzdem scheint unsere Art mit keiner dieser Species identisch zu sein. Sie ist jedenfalls nicht in dem Masse verlängert und nach hinten verschmälert wie *Trigonia caudata*, und ihre Rippen stehen viel dichter. Das letzte Merkmal unterscheidet sie auch von *Trigonia ornata*. Bei *Trigonia divaricata* ist die Area zart gestreift, während bei unserer Art die Rippen der Leisten auch über die Area fortgehen.

Vorkommen: Tönsberg bei Oerlinghausen und Wistinghausen.

Leda scapha d'Orb.

d'Orbigny. Prodrome II. pag. 75.
Pictet und Campiche. Mat. IV. St. Croix III. pag. 395 t. 129 f. 2.
Nucula scapha d'Orbigny. Pal. fr. Ter. crét. III. pag. 167 t. 301 f. 1—3.

Länge 7 mm, Höhe 4 mm.

Diese durch die schnabelförmig verlängerte Hinterseite ausgezeichnet charakterisirte kleine Art ist in zwei Exemplaren vorgekommen. Der d'Orbigny'schen Beschreibung ist nichts wesentliches hinzuzufügen, nur spitzt sich der Schnabel unserer Form nach oben und hinten etwas mehr zu, als die citirte Abbildung zeigt: eine leichte Abweichung, welche vielleicht durch den Erhaltungszustand bedingt ist.

Vorkommen: Lämmershagen.

Sonstiges Vorkommen: Neocom und Aptien Frankreich's.

Nucula cf. planata Desh.

Nucula Cornueliana d'Orbigny. Pal. fr. Ter. crét. III. t. 300 f. 6—10.
Nucula impressa (Sow.) d'Orbigny. ibid. pag. 165.

Länge 9 mm, Höhe 6 mm.

Diese kleine Form gleicht im ganzen Habitus der Varietät von *Nucula planata*, welche d'Orbigny unter dem Namen *Nucula Cornueliana* abgebildet und als *Nucula impressa* Sow. beschrieben hat. Indessen sind alle vorliegenden Exemplare viel kleiner als die französische Form. Eine sichere Bestimmung ist bei dem mangelhaften Erhaltungszustande unmöglich.

Vorkommen: Lämmershagen, Tönsberg.

Arca lippiaca n. sp.

Taf. IX, Fig. 10.

Länge 17 mm, Höhe 12 mm (0,70).

Wenig ungleichseitig, Vorderseite etwas kürzer als die Hinterseite, schwach gerundet, nach vorn kaum verschmälert, Unterrand etwas gebogen. Hinterseite nach hinten hin unbedeutend verschmälert, von unten her schräg abgestutzt, so dass der Gesammtumriss eine rhomboidische Gestalt bekommt. Die breiten, nahe bei einander stehenden Buckel ragen erheblich über die gerade Schlosslinie vor und tragen auf ihrer Spitze einen kurzen und flachen Einschnitt. Zu beiden Seiten derselben zeigt das Schloss lange, in der Richtung der Längsaxe stehende Zähne. Auf dem Abdruck fallen dem unbewaffneten Auge zahlreiche dichtstehende, sehr zarte, regelmässig concentrische Linien auf, mit der Loupe entdeckt man, dass dieselben durch noch feinere Radiallinien geschnitten werden.

Arca lippiaca steht der *Arca Cornueliana* D'ORBIGNY nahe; sie unterscheidet sich von ihr dadurch, dass auf der Hinterseite die Furchen der *Arca Cornueliana* und die ihnen entsprechenden Ausschnitte am Hinterrande fehlen. Auch scheint ihre Dicke geringer zu sein. *Arca exsculpta* KOCH (Palaeontographica I. pag. 170 t. 24 f. 6—7) vom Elligser Brink ist sehr ähnlich, indessen ist ihre Höhe geringer und die Sculptur der Schalen markirter.

Vorkommen: Tönsberg, Eheberg.

Arca Raulini D'ORB.

D'ORBIGNY. Pal. fr. Ter. crét. III. pag. 204 t. 310 f. 1—2.
PICTET und CAMPICHE, Mat. IV. St. Croix III. pag. 440.
Cucullaea Raulini LEYMERIE. Mémoires de la société géologique de France. Vol. V. t. 10 f. 4.

Länge 22 mm, Höhe 11,5 mm (0,52).

Lang gestreckt, sehr ungleichseitig. Vorderseite kurz, gerundet; der Vorderrand setzt sich rechtwinklig an den geraden Schlossrand an. Unterrand schwach gebogen, Hinterrand schräg abgeschnitten. Von den Buckeln läuft ein stumpfer, gerundeter Kiel nach der Ecke des Hintertheils. Vor den Buckeln stehen kürzere, schräggestellte Schlosszähne, dahinter längere, welche der Schlosslinie parallel laufen. Der Steinkern ist glatt, der Abdruck ist nicht erhalten, etwaige Verzierungen der Schalen konnten deshalb nicht beobachtet werden; da unsere Form im Uebrigen aber auf das Vollkommenste mit *Arca Raulini* übereinstimmt, so habe ich kein Bedenken getragen, sie zu dieser Art zu stellen. Von *Arca lippiaca* unterscheidet sie sich u. a. durch die verhältnissmässig viel geringere Höhe.

Vorkommen: Tönsberg.

Sonstiges Vorkommen: Valangien und mittleres Neocom Frankreich's und der Schweiz.

Mytilus pulcherrimus (ROEM.) D'ORB.

D'ORBIGNY. Prodrome II. pag. 81.
Modiola pulcherrima ROEMER. Versteinerungen des norddeutschen Oolith-Gebirges pag. 94 t. 4 f. 14.
ROEMER. Versteinerungen des norddeutschen Kreidegebirges pag. 66.
DUNKER und KOCH. Beiträge zur Kenntniss des norddeutschen Oolith-Gebirges pag. 53 t. 6 f. 7.

Es ist nur ein unvollständig erhaltenes Exemplar vorgekommen, über dessen Zugehörigkeit zu *Mytilus pulcherrimus* indessen kein Zweifel sein kann. Die obere und hintere Schalenhälfte ist mit wiederholt dichotomirenden Längslinien bedeckt, die andere Hälfte des Steinkerns lässt nur undeutliche Spuren solcher Linien erkennen; auf dem Abdruck sind dieselben etwas deutlicher ausgeprägt.

Vorkommen: Eheberg.

Sonstiges Vorkommen: Hilsthon Norddeutschland's (Elligser Brink).

Mytilus simplex D'ORB.

D'ORBIGNY. Pal. fr. Ter. crét. III. pag. 269 t. 338 f. 1—4.
PICTET und CAMPICHE. Mat. IV. St. Croix III. pag. 493.
Modiola simplex DESH. LEYMERIE. Mémoires de la société géologique de France. Vol. V. t. 7 f. 8.

Länge 37 mm, Höhe 11 mm (0,30), Dicke 9 mm (ungefähr).

Lang und schmal, nach hinten verbreitert. Die Buckel sind ganz unbedeutend und liegen dem vorderen Ende sehr nahe. Der Schlossrand ist gerade, der Unterrand besonders bei älteren Exemplaren concav, von der Vorderseite her nach unten gekrümmt. Die Vorderseite ist ganz kurz, gerundet und niedrig, die Hinterseite höher, seitlich etwas zusammengedrückt und von oben her etwas abgeschrägt. Auf grösseren Exemplaren tritt ein stumpfer Kiel, der von den Buckeln nach der hinteren Seite des Unterrandes läuft, deutlich hervor. Die Steinkerne sind glatt und tragen nur undeutliche Spuren von Anwachsstreifen.

Die hiesigen Exemplare variiren in derselben Weise, wie es D'ORBIGNY für das französische Vorkommen angiebt. Neben Formen, die fast gerade sind, kommen andere vor, welche sich beträchtlich krümmen. Der letztere Charakter tritt mit zunehmendem Alter mehr hervor.

Vorkommen: Tönsberg, Barenberg bei Borgholzhausen.

Sonstiges Vorkommen: Valangien, Neocom, Urgon, Aptien der Schweiz und Frankreich's. Lowergreensand (Atherfield).

Pinna Robinaldina D'ORB.

D'ORBIGNY. Pal. fr. Ter. crét. III. pag. 251 t. 330 f. 1—2.
PICTET und CAMPICHE. Mat. IV. St. Croix III. pag. 532 t. 139 f. 3—6.
? Pinna rugosa ROEMER. Versteinerungen des norddeutschen Oolith-Gebirges Nachtrag pag. 32 t. 18 f. 37; Versteinerungen des norddeutschen Kreidegebirges pag. 65.

Pinna Robinaldina ist in mehreren Varietäten im Neocomsandstein vertreten. Alle haben übereinstimmend eine schmale langgestreckte Form und scharf zugespitzte Buckel; die Schalen sind in der Mitte gekielt, die Schalenhälfte zwischen dem Kiel und dem Schlossrande ist in ihrer ganzen Länge mit parallelen Längslinien bedeckt. Einige solcher Linien greifen auch noch auf die andere Schalenhälfte über, auf der indessen in der Regel die faltenwurfartigen Anwachsrunzeln den grössten Raum einnehmen. Der Unterrand ist bald gerade, bald etwas concav oder convex, der Querschnitt bald schmal rhombisch, bald breit quadratisch. Die Zahl der Längslinien ist variabel; zwischen dem Kiel und dem Schlossrande liegen 8—14 solcher Linien, die andere Schalenhälfte trägt mitunter nur 2—3, in anderen Fällen 7—8.

Vorkommen: Tönsberg, Eheberg, Hohnsberg.

Sonstiges Vorkommen: Valangien, Neocom, Urgon und Aptien Frankreich's und der Schweiz. Lowergreensand von Wight. Hilsconglomerat Norddeutschland's.

Pinna Iburgensis n. sp.

Taf. IX, Fig. 1—2.

Länge 120 mm, Höhe 95 mm, Dicke ca. 41 mm.

Breit dreieckig, mit geradem Schlossrande, etwas concavem Unterrande und gerundetem Hinterrande. Beide Schalen haben ihre stärkste Wölbung in einem abgerundeten Kiele, welcher von den spitzen Buckeln zunächst in der Nähe des Schlossrandes verläuft, sich dann nach dem Unterrande hin umwendet und diesen vor seinem hinteren Ende erreicht. Der gebogene Kiel theilt so die Schale in zwei Hälften, eine kleinere, welche einerseits von der concaven Seite des Kiels, andererseits von dem Unterrande begrenzt wird, und eine grössere auf der convexen Seite des Kiels. Die erstere trägt meist tiefe und undeutliche Anwachsrunzeln, die letztere ist in der Nähe der Buckel von mehr oder weniger deutlichen parallelen Längslinien bedeckt, welche von undeutlichen Anwachsstreifen geschnitten werden und schon vor der Mitte der Schalenlänge verschwinden. Der übrige Theil der grösseren Schalenhälfte ist fast vollkommen glatt, in einzelnen Fällen ist der grosse kreisförmige hintere Muskeleindruck darauf sichtbar. Der kleine vordere Muskeleindruck in der Nähe der Buckel ist nur selten erhalten. Die Schalen klaffen nur wenig.

Pinna Iburgensis ist in Bezug auf die relativen Dimensionen ziemlich variabel. Das grösste Exemplar, welches mir vorgekommen ist, hat einen grössten Durchmesser von mehr als 300 mm. Bei dem abgebildeten Exemplare (Taf. IX, Fig. 1) ist die Höhe erheblich geringer als die Länge, es kommen aber auch Formen vor, bei denen beide Dimensionen einander fast gleich sind. Auch die Dicke ist variabel, doch ist es unmöglich, darüber genaue Zahlenangaben zu machen, da die Exemplare niemals ganz vollständig erhalten sind. Bei Fig. 1 ist die Dicke gering, bei Fig. 2 erreicht sie etwa die Hälfte der Länge.

Unsere Art gehört in die Verwandtschaft von *Pinna Hombresi* und *Pinna gurgitis* PICTET und CAMPICHE, ist indessen mit keiner dieser Arten zu verwechseln. Von *Pinna Hombresi* unterscheidet sie sich durch den stark gebogenen Kiel, von *Pinna gurgitis*, der sie in Bezug auf das letztere Merkmal nahesteht, durch die Streifung zu beiden Seiten des Schlossrandes und durch das viel geringere Klaffen der Schalen.

Vorkommen: Hohnsberg bei Iburg und Grosse Egge bei Halle.

Perna Mulleti DESH.

DESHAYES in LEYMERIE. Mém. soc. géol. V. pag. 26 t. 11 f. 1—3.
FORBES. Quart. journ. I. pag. 240 t. 1 f. 1—4.
D'ORBIGNY. Pal. fr. Ter. crét. III. pag. 496 t. 400.
KOCH. Palaeontographica I. pag. 171 t. 24 f. 14—17.
PICTET und CAMPICHE. Mat. V. St. Croix IV. pag. 97 t. 158.

Diese ausgezeichnete Art ist so häufig und eingehend beschrieben und abgebildet, dass es überflüssig ist, hier noch einmal in eine Beschreibung derselben einzugehen. Das grösste von mir beobachtete Exemplar hat eine Höhe von 135 mm; die Länge ist nur selten genau festzustellen, da der Steinkern längs des Schlossrandes ausserordentlich dünn ist und deshalb leicht zerbricht. Das Verhältniss von Länge und Höhe ist, wie das von D'ORBIGNY auch für das französische Vorkommen angegeben wird, sehr variabel. Der Schlossrand ist mitunter ungemein in die Länge gezogen, so dass eine Annäherung an *Perna Forbesi* PICTET stattfindet.

Vorkommen: Tönsberg bei Oerlinghausen und Wistinghausen, zuweilen sehr häufig. Eheberg zwischen Oerlinghausen und Bielefeld.

Sonstiges Vorkommen: Neocom und Aptien Frankreich's, Valangien, mittleres Neocom und Urgon der Schweiz. Lowergreensand von Atherfield und Peasemarsh. Hilsthon des Elligserbrinks.

Inoceramus Schlüteri n. sp.

Taf. X, Fig. 1—2.

Höhe mehr als 140 mm. Die übrigen Dimensionen sind nicht genau zu bestimmen, da kein Exemplar vollständig und unverdrückt ist. Höher als lang, sehr ungleichschalig. Die convexe Schale ist in unverdrücktem Zustande kräftig gewölbt, nach vorn steil abfallend, nach hinten in einen undeutlich abgesetzten, in keinem Falle unversehrt erhaltenen Flügel erweitert und in einen grossen weit übergreifenden Buckel verlängert. Der Schlossrand ist kurz und gerade, beinahe senkrecht zu dem gleichfalls geraden Vorderrande, und von ihm steigt unter dem Buckel eine concave, dreiseitige, scharfkantig begrenzte Fläche auf. Die Vorderseite ist vom Buckel her längs des Schalenrandes etwas eingedrückt, und die so entstehende langgestreckte concave Fläche ist vollkommen glatt und mehr oder weniger markirt von den Seiten abgesetzt. An ihrer Grenzlinie entspringen breite, wenig hohe, unregelmässige, die Schalen concentrisch bedeckende Falten, welche vorn und auf der Mitte der Schalen stets kräftig sind, hinten aber und auf dem Flügel häufig undeutlich werden. Ihre Zahl ist bei verschiedenen Exemplaren sehr verschieden, in einem Falle sind sie verhältnissmässig schmal und dichtgestellt, im anderen breiter und durch breitere Zwischenräume getrennt, so dass bei einem Exemplar der ersten Art ihre Zahl doppelt so gross sein kann, wie bei einem solchen der zweiten. Die flache Schale ist fast vollkommen eben, ihr Buckel ist spitz, die Vorderseite wie bei der anderen Schale längs des Randes glatt, im Uebrigen aber in derselben Weise wie die convexe Schale mit concentrischen Falten bedeckt.

Inoceramus neocomiensis D'ORB. (Pal. fr. Ter. crét. pag. 503 t. 403 f. 1—2) aus dem mittleren Neocom ist eine verwandte Form, sie ist indessen nach D'ORBIGNY's Angaben kleiner und verhältnissmässig länger. Der Buckel der gewölbten Schale scheint nicht so weit vorzuspringen wie bei *Inoceramus Schlüteri*, doch ist in dieser Beziehung kein sicherer Vergleich möglich, da unsere Form nur als Steinkern vorkommt, die D'ORBIGNY'-sche Abbildung aber ein Schalenexemplar darstellt.

Inoceramus concentricus Sow. (Min. Conch. t. 305; FORBES Catal., aus dem Lowergreensand von Atherfield; D'ORBIGNY t. 404 aus dem Gault) steht der vorliegenden Art nahe, es fehlt ihr aber die flügelartige Erweiterung der Hinterseite.

Vorkommen: *Inoceramus Schlüteri* ist in fünf Exemplaren im Tönsberge bei Oerlinghausen vorgekommen. Sämmtliche Exemplare sind unvollständig erhalten und meistens verdrückt. Wenn beide Schalen erhalten sind, so sind sie doch stark gegen einander verschoben. Es war deshalb unmöglich eine ausreichende Abbildung der Art herzustellen.

Avicula Cornueliana D'ORB.

O'ORBIGNY. Pal. fr. Ter. crét. III. pag. 471 t. 380 f. 3—4.
PICTET und CAMPICHE. Mat. V. St. Croix IV. pag. 66 t. 152 f. 1—4.
BÖHM. Zeitschrift d. deutschen geol. Gesellschaft 1877 pag. 237.
Avicula macroptera ROEMER (non LAM.) Versteinerungen des norddeutschen Oolithgebirges pag. 86 t. 4 f. 5; Versteinerungen des norddeutschen Kreidegebirges pag. 64.
KEEPING. Foss. of Upware and Brickhill pag. 109 t. 5 f. 2.

Diese wiederholt beschriebene und abgebildete Art gehört zu den häufiger vorkommenden Potrefacten des Neocomsandsteins. Steinkerne und Abdrücke der grossen und der kleinen Schale fanden sich im Tönsberge bei Oerlinghausen, bei Lämmershagen und im Baronberge bei Borgholzhausen.

Sonstiges Vorkommen: Hilsbildungen Norddeutschland's. Mittleres Neocom Frankreich's und der Schweiz. Lowergreensand England's.

Avicula (?) Teutoburgiensis n. sp.

Taf. IX, Fig. 9.

Ungleichschalig, unsymmetrisch, schief und von ziemlich veränderlicher Gestalt. Die Länge, d. h. eine Linie von der Spitze des Buckels der grossen Schale bis zum entferntesten Punkte des Unterrandes, betrug bei zwei verschiedenen Exemplaren: 35 mm bez. 23 mm, die grösste Breite, senkrecht zu dieser Linie gemessen: 23 mm bez. 20 mm, die Dicke 19 mm bez. 14 mm. Die grösste Dicke liegt in der Nähe der Buckel, nach unten schärft sich der Steinkern keilförmig zu. Die linke, grössere Schale ist kräftig gewölbt, mit starkem, etwas gekrümmten, übergreifenden Buckel, die rechte, kleinere Schale ist flacher, ihr Buckel kleiner, spitz und ebenfalls etwas gekrümmt, springt aber weniger weit vor. Beide Schalen tragen kräftige concentrische Streifen, die freilich auf dem Steinkern meistens verschwunden sind. Dagegen lässt auch der Steinkern zwischen den beiden Klappen den Ausschnitt für den Byssus deutlich erkennen. Ohren sind nicht entwickelt, so dass die Muschel eine entfernte Aehnlichkeit mit einer verdrückten Terebratel hat.

Ob die generische Bestimmung der Art richtig ist, bleibt dahingestellt. Das gänzliche Fehlen der Ohren ist eine Eigenthümlichkeit, durch welche sich dieselbe von sämmtlichen aus der Kreide bekannten Arten unterscheidet. Eine grössere Annäherung als an die typischen *Avicula*-Arten zeigt sie an die als *Aucella* vorzüglich aus dem russischen Jura beschriebenen Formen, doch auch da stört das gänzliche Fehlen der Ohren.

Dem ganzen Habitus nach ist die Art bei keinem anderen Genus unterzubringen und bei der Beschaffenheit des vorhandenen Untersuchungsmaterials ist es nicht möglich, ein neues darauf zu gründen.

Vorkommen: Eheborg, Barenberg.

Lima Tönsbergensis n. sp.

Taf. X, Fig. 4.

Länge 34 mm, Höhe 57 mm.

Ungleichseitig, querverlängert. Vorderseite kurz und vollkommen gerade. Hinterseite länger und gerundet. Die Vorderseite zeigt ein breites und tiefes Mal; das vordere Ohr ist schmal und klein, das hintere grösser, sein Oberrand ist unter einem Winkel von ungefähr 120° gegen den Vorderrand geneigt. Die Schalen sind gleichmässig mit zahlreichen, mässig breiten und hohen, durch ganz schmale Zwischenräume getrennten Radialstreifen bedeckt.

Von Lima longa ROEMER, der sie in der Gestalt ähnlich ist, unterscheidet sie sich durch die Art der Ornamentirung. Die Radialstreifen sind bei Lima longa deutlich wellenförmig und bestehen (cf. ROEMER, Ool.-Geb. t. 13 f. 11 c) aus Punktreihen. Beides ist bei Lima Tönsbergensis nicht der Fall; auch sind die Zwischenräume zwischen den einzelnen Radialstreifen viel schmaler. Lima longa D'ORB. (t. 44 f. 13—16) spitzt sich nach den Buckeln hin viel stärker zu als Lima Tönsbergensis, aber auch mehr als Lima longa ROEMER, so dass es zweifelhaft erscheint, ob die D'ORBIGNY'sche Art mit der ROEMER'schen identisch ist. Lima undata DESH. (D'ORBIGNY t. 414 f. 9—12) verschmälert sich ebenfalls nach den Buckeln hin mehr und ist ausserdem länger als Lima Tönsbergensis.

Vorkommen: Tönsberg bei Oerlinghausen.

Lima n. sp.

Länge 20 mm, Höhe 41 mm.

Diese Art, mit geradem Vorderrande, gebogenem Hinterrande, grösserem hinteren und kleinerem vorderen Ohr, langgestrecktem und scharfumgrenzten Male ist der vorherbeschriebenen Lima Tönsbergensis ähnlich, übertrifft dieselbe jedoch an Höhe — sie ist doppelt so hoch wie lang — und unterscheidet sich von ihr sowohl wie von Lima longa ROEMER durch die Sculptur der Schale. In der Nähe der Buckel erkennt man zahlreiche, feine, radiale Furchen, welche dort die Schale gleichmässig bedecken, weiterhin, jenseits der Mitte der Höhe, fehlen diese Furchen auf der Mitte der Schalen, während sie sich über die Hinterseite in grösserer Zahl fortsetzen und auch auf der Vorderseite, freilich in geringerer Zahl, bis zum Unterrande vorhanden sind. Die Zwischenräume zwischen den Furchen sind eben und viel breiter als diese, besonders sind die Furchen der Vorderseite durch unregelmässige, sehr breite Zwischenräume getrennt. Die Gestalt der Furchen ist leicht wellenförmig; oft sind sie durch die Anwachsstreifen verworfen.

Von Lima longa, der sie sehr ähnlich ist, unterscheidet sich die Art durch das Fehlen der radialen Streifen auf der Mitte der Seiten, sowie dadurch, dass den Streifen die für Lima longa charakteristische Punktirung fehlt.

Vorkommen: Tönsberg bei Wistinghausen.

Lima cf. Dupiniana D'ORB.

Taf. X, Fig. 5.

D'ORBIGNY. Pal. fr. Ter. crét. III. pag. 535 t. 415 f. 18—22.

Länge 7 mm, Höhe 14 mm, Dicke ca. 7 mm.

Oval, quer verlängert, doppelt so hoch wie lang. Vorderseite fast gerade, Hinterrand gebogen. Grösste Länge unterhalb der Mitte der Höhe. Die ziemlich stark gewölbten Schalen fallen nach vorn und hinten steil ab, nach dem Unterrande hin verflachen sie sich allmählich. Die Ohren sind klein und auf beiden Seiten von gleicher Grösse. Die Mitte der Schalen ist mit mehr als einem Dutzend zarter radialer Streifen bedeckt, welche durch gleichbreite Zwischenräume getrennt sind; ausserdem sind wenige undeutliche Anwachsstreifen erkennbar.

Unsere Form stimmt in den wesentlichen Merkmalen mit *Lima Dupiniana* überein. Sie ist etwas weniger lang (0,5 bezogen auf die Höhe, gegenüber 0,57 bei *Lima Dupiniana*) und die Radialstreifen dehnen sich etwas weiter über die Hinterseite aus, als das bei der D'ORBIGNY'schen Abbildung der Fall ist; indessen ist es nach dem Text zweifelhaft, ob die Zeichnung in dieser Beziehung ganz correct ist.

Vorkommen: Lämmershagen bei Oerlinghausen. (*Lima Dupiniana* kommt im Neocom von Marolles und St. Sauveur vor.)

Lima Cottaldina D'ORB.

D'ORBIGNY. Pal. fr. Ter. crét. III. pag. 537 t. 410 f. 1—5.
FITTON. Quart. journ. III. pag. 289.
PICTET u. CAMPICHE. Mat. V. St. Croix IV. pag. 151 t. 166 f. 1.

Länge 14 mm, Höhe 17 mm.

Abgerundet dreiseitig, Vorderseite abgeflacht, ohne ein eigentliches Mal zu bilden. Buckel spitz, das hintere Ohr ist klein und schmal, das vordere etwas grösser. Die Schalen tragen 15—18 kräftige, scharfrückig-dachförmige radiale Falten, welche sich gleichförmig über die ganze Schale ausbreiten und nur die abgeflachte Partie der Vorderseite freilassen. In den Zwischenräumen zwischen je zwei solcher Rippen liegt eine sehr feine aber nichtsdestoweniger scharf markirte Secundärrippe. Die Seitenflächen der Hauptrippen sind mit dichten, zarten, untereinander parallelen Transversalstreifen bedeckt.

Wiewohl bei der vorliegenden Art der Umriss der Schalen sich nach den Buckeln hin etwas mehr zuspitzt als bei *Lima Cottaldina*, so dürfte sie doch nicht davon zu trennen sein. Wenn man *Lima Royeriana* D'ORB. des mittleren Neocom als eine von *Lima Cottaldina* des Aptien verschiedene Art beibehalten will, so steht unsere Form jedenfalls der letzteren näher als der ersteren. Vergl. auch *Lima Farringdonensis* SHARPE. Quart. journ. X. t. 5 f. 2. und KEEPING. Foss. of Upware and Brickhill pag. 112 t. 5 f. 12.

Vorkommen: Eheberg zwischen Oerlinghausen und Bielefeld.

Sonstiges Vorkommen: Aptien Frankreich's und der Schweiz. Lowergreensand England's. Hilsbildungen Norddeutschland's.

Lima Ferdinandi n. sp.
Taf. IX, Fig. 15; Taf. X, Fig. 3.

Eine weitverbreitete grosse Art von sehr variablen Dimensionen, wie aus den folgenden auf drei verschiedene Exemplare bezüglichen Angaben hervorgeht:

Länge 74 mm, Höhe 107 mm (1,44)
„ 74 „ „ 78 „ (1,05)
„ 82 „ „ 103 „ (1,25)

Die Länge wird stets von der Höhe übertroffen, doch kommen neben stark querverlängerten auch annähernd kreisförmige Formen vor. Der bald längere, bald kürzere Vorderrand ist gerade, der Unterrand gerundet und der Hinterrand gleichmässig gebogen. Die scharf umrandete Vorderseite ist tief eingedrückt oder ausgehöhlt. Die Schalen sind mit einer wechselnden Zahl einfacher, kräftiger und gerundeter Radialrippen bedeckt, welche häufig durch wellenförmige Anwachsstreifen gekreuzt werden. In der Regel sind die Rippen breit und durch gleichbreite Zwischenräume getrennt, in anderen Fällen sind sie schmaler und die concaven Zwischenräume werden breiter. Die Zahl der Rippen ist, wie vorher erwähnt wurde, eine sehr wechselnde: so zähle ich an fünf verschiedenen Exemplaren 15, 20, 21, 22, 27 Rippen. In dem Masse, wie die Zahl derselben kleiner wird, werden sie selbst breiter und flacher, und in den ebenfalls breiten und flachen Zwischenräumen scheinen zarte Längslinien aufzutreten. Extreme Formen erhalten dadurch ein sehr verschiedenes Aussehen. Dazu kommt noch die Veränderlichkeit im äusseren Umriss, so dass man geneigt ist, verschiedene Arten aufzustellen, was sich indessen durch das Zusammenvorkommen der verschiedenen Formen und durch das Vorhandensein zahlreicher Zwischenformen verbietet.

Die Art wird zuerst von Ferdinand Roemer (Neues Jahrbuch für Mineralogie etc. 1850) erwähnt, ich habe ihr deshalb den Namen *Lima Ferdinandi* beigelegt, nachdem Brauns bereits eine jurassische Art *Lima Roemeri* genannt hat.

Vorkommen: Tönsberg bei Oerlinghausen und Wistinghausen. Hünenburg bei Bielefeld. Grosse Egge bei Halle. Lengerich. Teklenburg.

Pecten striatopunctatus ROEM.

Roemer. Versteinerungen des norddeutschen Oolithgebirges. Nachtrag pag. 27; Versteinerungen des norddeutschen Kreidegebirges pag. 50. d'Orbigny. Pal. fr. Ter. crét. III. pag. 592 t. 432 f. 4—7.
Roemer. Zeitschrift d. deutschen geol. Gesellschaft 1877 pag. 233.

Pecten striatopunctatus ist häufig bei Lämmershagen. Den vorliegenden Beschreibungen ist nichts Neues hinzuzufügen. Erwähnenswerth scheint der Umstand, dass die Form unseres Vorkommens durchgehends von geringer Grösse ist. Es ist mir kein Exemplar vorgekommen, dessen Durchmesser 20 mm überschritten hätte.

Sonstiges Vorkommen: Hilsthon des Elligserbrinks. Bredenbeck. Hilsconglomerat von Schöppenstedt. Aptien Frankreich's.

Pecten crassitesta ROEM.

Roemer. Versteinerungen des norddeutschen Oolithgebirges pag. 27.
d'Orbigny. Pal. fr. Ter. crét. pag. 584 t. 430 f. 1—3.
Pecten cinctus Roemer (non Sow.). Versteinerungen des norddeutschen Kreidegebirges pag. 50.

Diese grosse Art ist in den relativen Dimensionen in einem gewissen Grade variabel: bald ist sie kreisförmig, bald übertrifft die Länge die Höhe, und bald ist das Umgekehrte der Fall. Steinkerne von 200 mm Durchmesser und darüber sind an manchen Localitäten sehr häufig, ich erwähne nur: Tönsberg bei Oerlinghausen und Wistinghausen, Hemberg und grosse Egge bei Halle, Barenberg bei Borgholzhausen.

Sonstiges Vorkommen: Hilsthon von Bredenbeck, Hilsconglomerat von Salzgitter und Schöppenstedt. Neocom Frankreich's.

Pecten Robinaldinus D'ORB.

d'Orbigny. Pal. fr. Ter. crét. III. pag. 587 t. 431 f. 1—4.

In geringer Zahl sind bei Wistinghausen Abdrücke eines *Pecten* vorgekommen, welche zweifellos dieser Art angehören. Die querverlängerte Gestalt, die zahlreichen, ca. 50, aus kleinen halbmondförmigen Schuppen gebildeten Radialrippen, andererseits die concentrische Anordnung dieser Schuppen, welche nach den Seiten hin fast zu concentrischen Streifen zusammenfliessen, die zarte Schrägstreifung zwischen den Schuppen, endlich die grossen, gegitterten, vorderen Ohren lassen trotz der mangelhaften Erhaltung einen Zweifel nicht aufkommen.

Sonstiges Vorkommen: Neocom Frankreich's (St. Sauveur. Auxerre).

Pecten Roemeri n. sp.

Höhe 26 mm, Länge 23,5 mm.

Fast kreisförmig, etwas höher als lang, ungleichschalig, die linke Schale ist etwas stärker gewölbt als die rechte. Das vordere Ohr ist gross, das hintere erheblich kleiner. Die Schalen sind mit ungefähr 30, in der Nähe der Buckel sehr dichtstehenden, gegen den Unterrand in Abständen von 2 mm auf einander folgenden, $^1/_2$ bis 1 mm hohen, dünnen, concentrischen Leisten bedeckt. Auf jede dieser Leisten folgt in einem Abstande von $^1/_4$ bis $^1/_3$ mm eine zweite ähnliche, aber wie es scheint weniger hohe Leiste. Die Zwischenräume zwischen je zwei solchen Leistenpaaren tragen zahlreiche feine und vertiefte, transversale Linien, welche durch viel breitere, glatte Zwischenräume getrennt sind und häufig stimmgabelförmig dichotomiren. Die schmalen Zwischenräume zwischen je zwei zusammengehörigen concentrischen Leisten sind auf der gewölbten Schale ganz glatt, auf der flachen Schale liess sich mitunter auch auf ihnen die feine transversale Streifung erkennen. Die concentrischen Leisten setzen sich auch über die Ohren hin fort, sie sind dort aber einfach, und ihre Zwischenräume tragen dichtstehende Querstreifen.

Da die Schalen selbst nicht erhalten sind, und da ein Abguss des Abdrucks nicht im Stande ist, die charakteristischen, senkrecht auf die Schale aufgesetzten concentrischen Lamellen wiederzugeben, so habe ich auf eine Abbildung der Art verzichtet.

Vorkommen: Tönsberg und Lämmershagen.

Janira atava (ROEM.) D'ORB.

Pecten atavus ROEMER. Versteinerungen des norddeutschen Oolithgebirges. Nachtrag pag. 29 t. 18 f. 21; Versteinerungen des norddeutschen Kreidegebirges pag. 54.
Janira atava D'ORBIGNY. Pal. fr. Ter. crét. III. pag. 627 t. 442 f. 1—5.
PICTET u. CAMPICHE. Mat. V. St. Croix IV. pag. 240.
Neithea atava KEEPING. Foss. of Upware and Brickhill pag. 107 t. 4 f. 6.

Janira atava ist nur ganz vereinzelt vorgekommen. Ein unvollständig erhaltenes Exemplar stammt vom Barenberge bei Borgholzhausen, ein anderes vom Eheberge zwischen Oerlinghausen und Bielefeld.

Sonstiges Vorkommen: Hilsconglomerat von Schandelahe und Schöppenstedt. Unteres Neocom Frankreich's. Lowergreensand England's.

Ostrea rectangularis ROEM.

ROEMER. Versteinerungen des nordddeutschen Oolithgebirges. Nachtrag pag. 24 t. 18 f. 15.
Ostrea carinata ROEMER. Versteinerungen des norddeutschen Kreidegebirges pag. 45.
Ostrea macroptera D'ORBIGNY. Pal. fr. Ter. crét. III. pag. 695 t. 465.
Ostrea rectangularis DE LORIOL. Mat. I. Animaux invertébrés du Mt. Salève t. 14 f. 6—7.
Ostrea rectangularis COQUAND. Monographie des Ostrées pag. 187 t. 72 f. 5—11.
Ostrea rectangularis PICTET u. CAMPICHE. Mat. V. St. Croix IV. pag. 275 t. 184 f. 1—4.

Lang gestreckte, mehr oder weniger gekrümmte Formen mit unbedeutender flügelartiger Erweiterung der Schlossgegend, mit gefalteter Schale und stark gezähnten Schalenrändern, welche sich im Tönsberge und Barenberge gefunden haben, dürften dieser Art angehören. Eine ganz sichere Entscheidung lassen freilich die Steinkerne nicht zu. Die nur in Bruchstücken erhaltenen Abdrücke zeigen die markirten Falten in grosser Deutlichkeit, dagegen ist ein anderes charakteristisches Merkmal der Art, die Abplattung auf dem Rücken der Schalen, auf den Steinkernen nicht und auf dem Abdruck nicht sicher zu erkennen. Auf dem Rücken spitzen sich bei den bekannten Formen von Ostrea rectangularis die Rippen zu einem mit zunehmendem Alter schwächer werdenden Knoten zu; bei den Abdrücken unserer Form wurden an dieser Stelle mitunter ca. 10 mm lange, bald mehr bald weniger nach hinten gerichtete, stellenweise zweitheilige Dornen beobachtet. Zur Begründung einer neuen Art scheint dieses bisher nur in einzelnen Fällen beobachtete Verhalten nicht auszureichen; ich möchte die hiesige Form deshalb für eine dornige Varietät von *Ostrea rectangularis* halten.

Vorkommen: Tönsberg bei Oerlinghausen. Barenberg bei Borgholzhausen.

Sonstiges Vorkommen: Mittleres Neocom d'Hauterive) in Frankreich und der Schweiz. Selten im Urgon. Hilsthon des Elligserbrinks. Hilsconglomerat von Schöppenstedt, Schandelahe und Vahlberg.

Ostrea macroptera Sow.

Sowerby. Min. Conch. pag. 488 t. 468 f. 3—5.
Coquand. Monographie des Ostrées pag. 164 t. 72 f. 1—4.
Pictet u. Campiche. Mat. V. St. Croix IV. pag. 300 f. 5 a b c.

Ostrea rectangularis Roemer ist nach d'Orbigny's Vorgange von den meisten Autoren mit *Ostrea macroptera* Sow. vereinigt. de Loriol. dagegen und nach ihm Coquand und Pictet haben gezeigt, dass beide Arten wesentlich von einander verschieden sind. *Ostrea macroptera* ist kürzer und breiter als *Ostrea rectangularis* und unterscheidet sich ferner von ihr durch die stärkere Entwicklung des Flügels, die weitläufigere Stellung der Rippen u. a. m. Im Barenberge haben sich nun neben den Formen, welche ich oben als *Ostrea rectangularis* aufgeführt habe, andere gefunden, welche in jeder Beziehung der *Ostrea macroptera* Sow. gleichen, so dass also die beiden Arten, welche sonst verschiedenen Niveaux angehören, im Neocomsandstein vereinigt vorkommen.

Neben den extremen Formen, bei denen man nicht zweifelhaft sein kann, finden sich aber auch mehrfach solche, welche eine Zwischenstellung einnehmen, welche weniger lang und schmal sind als *Ostrea rectangularis* und hinsichtlich der Entwicklung des Flügels hinter *Ostrea macroptera* zurückbleiben. Dadurch gewinnt es den Anschein, dass die beiden Formen bei uns nur eine variable Art bilden. Zu einem bestimmten Urtheil berechtigt das bis jetzt vorliegende Material nicht, da es wenig umfangreich und zum Theil schlecht erhalten ist; so konnte z. B. nicht festgestellt werden, ob die bei der für *Ostrea rectangularis* angesprochenen Form erwähnten Dornen stets vorhanden sind, noch ob dieselben auch bei *Ostrea macroptera* und den Zwischenformen vorkommen.

Vorkommen: Barenberg bei Borgholzhausen.

Sonstiges Vorkommen: *Ostrea macroptera* Sow. ist häufig im Lowergreensand von Wight. In Frankreich ist sie für das Aptien charakteristisch, in dem sie freilich nur verhältnissmässig selten vorkommt.

Ostrea (Exogyra) Couloni (Defr.) d'Orb.

Gryphaea Couloni Defr. Dict. des sc. nat. 19. pag. 534.
Ostrea Couloni d'Orbigny. Pal. fr. Ter. crét. III. pag. 698 t. 466, 467.
Exogyra subsinuata Laymerie. Mém. soc. géol. V. pag. 25.
Exogyra Couloni v. Strombeck. Zeitschrift d. deutschen geol. Gesellschaft. Band 6. pag. 264.
Gryphaea sinuata Sowerby. Min. Conch. pag. 367 t. 336.
Gryphaea aquila Brongniart. Environs de Paris t. 9 f. 11.
Exogyra aquila Goldfuss. Pétr. Germ. II. t. 87 f. 3.
Exogyra sinuata Leymerie. Mém. soc. géol. V. pag. 28.
Ostrea aquila d'Orbigny. Pal. fr. Ter. crét. III. pag. 706 t. 470.
Ostrea Couloni Pictet u. Campiche. Mat. V. St. Croix IV. pag. 287 t. 187, 188.

Pictet hat (Pictet und Renevier. Terrain aptien pag. 139; St. Croix pag. 287 ff.) die von den meisten Autoren getrennt gehaltenen Arten *Ostrea Couloni* des Neocom und *Ostrea aquila* des Aptien vereinigt. Wir können uns dieser Auffassung um so eher anschliessen, als die im Neocomsandstein vorkommenden Formen

Merkmale der einen und der anderen Form in sich zu vereinigen scheinen. Die Steinkerne sind handgross, flach, ohrförmig und nur selten vollkommen erhalten. Ausnahmsweise kommt die Art mit erhaltener Schale vor, dann ist die Unterschale hoch gekielt, etwa ebenso breit wie lang, mit gebogenem Buckel und kaum hervortretenden Anwachsstreifen.

Vorkommen: *Ostrea Couloni* ist gemein im Tönsberge, sie findet sich ferner u. a. im Barenberge bei Borgholzhausen und der grossen Egge bei Halle.

Sonstiges Vorkommen: Neocom und Aptien Frankreich's und der Schweiz. Lowergreensand England's. Hilsthon und Hilsconglomerat in Braunschweig. Elligserbrink.

Ostrea (Exogyra) spiralis GOLDF.

Taf. IX, Fig. 12—14.

GOLDFUSS. Petr. Germ. II. pag. 33 t. 86 f. 4 pars.

Exogyra tuberculifera DUNKER u. KOCH. Beiträge zur Kenntniss des norddeutschen Oolithgebirges pag. 54 t. 6 f. 18.

Ostrea Boussingaulti D'ORBIGNY. Pal. fr. Ter. crét. III. pag. 702 t. 468.

Ostrea tuberculifera COQUAND. Monographie des Ostrées pag. 189 t. 63 f. 8—9 u. s. w.

Ostrea tuberculifera PICTET u. CAMPICHE. Mat. V. St. Croix IV. pag. 280 t. 186.

Exogyra spiralis BOEHM. Zeitschrift d. deutschen geol. Gesellschaft 1877 pag. 231.

GOLDFUSS identificirt l. c. unter dem Namen *Exogyra spiralis* eine Art des Hilsthons mit einer anderen des Kimmeridge. Vereinigt man, wie das u. a. von v. SEEBACH und BRAUNS geschehen ist, die letztere Art mit *Exogyra Bruntrutana* THURMANN, so bleibt der Name *Exogyra spiralis* für die des Neocom. Die letztere Bezeichnung hat nicht nur die Priorität für sich, sie ist auch zutreffender als die von einem ganz zufälligen Merkmale hergenommene *Exogyra tuberculifera*. Da ausserdem, wie BOEHM hervorhebt, die Diagnose von *Exogyra tuberculifera* DUNKER und KOCH ganz unzulänglich ist, so ist es geboten, diesen von COQUAND wieder aufgenommenen Namen durch *Exogyra spiralis* zu ersetzen.

Die von A. ROEMER aus dem Hilsthon beschriebenen Arten *Exogyra undata*, *Exogyra subplicata*, *Exogyra tuberculifera*, *Exogyra harpa* dürften mit *Exogyra spiralis* zu vereinigen sein.

Der Erhaltungszustand der hiesigen Formen als Steinkerne bietet den Vortheil, dass die Gestalt weniger durch die zufälligen Bildungen, welche durch das Anschmiegen an die Unterlage erzeugt werden, entstellt ist, als das bei Schalenexemplaren der Fall zu sein pflegt. Ich lasse hier deshalb noch einmal eine Beschreibung der vielfach beschriebenen Art folgen.

Die Steinkerne, von meist geringer Grösse — selten über 15 mm —, haben stark eingerollte Buckel und sind bald mehr bald weniger halbmondförmig gekrümmt. Die Unterschale ist kräftig gewölbt und erhebt sich näher der convexen als der concaven Seite zu einem stumpfen Kiele. Die convexe Seite trägt eine wechselnde, aber durchgehend geringe Anzahl breiter Falten, welche in schräger Richtung nach dem Aussenrande laufen. In seltenen Fällen, besonders bei kleinen Exemplaren, fehlen diese Falten. Die breitere und weniger steile, concave Seite ist fast vollkommen glatt. Die Oberschale ist flacher, bildet aber nahe dem convexen Rande gleichfalls eine kielartige Erhebung. Sie hat eine ovale Gestalt, ist ganzrandig und greift, wiewohl sie ziemlich tief in die Unterschale eingelassen ist, nicht mit Zähnen in die Falten der letzteren ein.

Kleine Formen von *Exogyra spiralis*, deren grösster Durchmesser 15 mm nicht übertrifft, meistens vielmehr dahinter zurückbleibt, sind sehr häufig; vereinzelt hat sich eine grosse Form gefunden, welche wahrscheinlich ebenfalls hierhergehört. Die bisher allein aufgefundene Unterschale (Taf. IX, Fig. 12) trägt auf der convexen Seite eine grössere Anzahl von Rippen (7—8), und auch auf der concaven Seite lassen sich Spuren von solchen entdecken. Im Uebrigen treffen alle wesentlichen Merkmale zu.

Vorkommen: Tönsberg, Lämmershagen, Hohnsberg. Die grosse Form hat sich im Barenberge bei Borgholzhausen gefunden.

Sonstiges Vorkommen: Unteres, mittleres, oberes Neocom und Aptien der Schweiz und Frankreich's. Hilsbildungen Norddeutschland's; Elligserbrink.

Von Lamellibranchiaten sind aus dem Neocomsandstein bisher anderweitig erwähnt oder beschrieben:

Pholadomya alternans ROEM.

F. ROEMER: (1845). WAGENER: Grävinghagen.

Pholadomya cf. *elongata* MÜNSTER.

F. ROEMER: (1850). Grosse Egge. Die von ROEMER erwähnte Form ist pag. 34 als *Pholadomya* cf. *gigantea* Sow. beschrieben.

Pholadomya sp.?

F. ROEMER: (1854) Losser bei Oldenzaal.

Pholadomya albina REICHE?

A. ROEMER: (Nord. Kreide pag. 75) Hüls.

Goniomya sp.?

F. ROEMER: (1854) Losser bei Oldenzaal.

Panopaca cf. *Carteroni* D'ORB.

F. ROEMER: (1850) Gildehaus.

Panopaeenartige Zweischaler.

F. ROEMER: (1848) Tönsberg.

Mya elongata ROEM.

A. ROEMER: (Nordd. Kreide pag. 75 t. 10 f. 5) Hüls. F. ROEMER: (1850) Grosse Egge. WAGENER: Menkhausen, Grävinghagen. Nach GEINITZ (Neues Jahrb. f. Min. etc. 1851 pag. 62) sind die Formen vom Hüls und von Grävinghagen verschiedene Arten.

Thracia Phillipsii ROEM.

A. ROEMER: (Nordd. Kreide pag. 74 t. 9 f. 1) Hüls. F. ROEMER: (1845) Grävinghagen; (1848) Tönsberg; (1850) Gildehaus. WAGENER: Grävinghagen, Tönsberg.

Thracia elongata ROEM.

A. ROEMER: (Nordd. Kreide pag. 75 t. 10 f. 2) Hüls.

Anatina cf. *Cornueliana* D'ORB.

F. ROEMER: (1850) Barenberg.

Venus parva Sow.

WAGENER: Menkhausen.

Thetis Sowerbyi ROEM.

F. ROEMER: (1850) Barenberg.

Isocardia neocomiensis D'ORB.

F. ROEMER: (1850) Barenberg.

Isocardia angulata PHILL.

WAGENER: Tönsberg.

Astarte subdentata ROEM.

WAGENER: Menkhausen.

Lucina sp.?

F. ROEMER: (1850) Barenberg.

Cardium sp.? (cf. *Hillanum* D'ORB.)

F. ROEMER: (1848) Tönsberg.

Cardium sp.? (cf. *concinnum* v. BUCH).

F. ROEMER: (1850) Barenberg.

Cyprina sp.?

F. ROEMER: (1850) Gildehaus.

Pectunculus umbonatus SOW.?

A. ROEMER: (Nordd. Kreide pag. 68) Hüls.

Trigonia sp.? (cf. *clavellata* SOW.)

F. ROEMER: (1848) Tönsberg.

Trigonia cf. *divaricata* D'ORB.

F. ROEMER: (1850) Barenberg.

Trigonia sp.?

F. ROEMER: (1854) Losser bei Oldenzaal.

Modiola sp.?

WAGENER: Grävinghagen.

Pinna rugosa ROEM.

F. ROEMER: (1845). WAGENER: Grävinghagen.

Pinna sp.? (cf. *Neptuni* D'ORB.)

F. ROEMER: (1854) Losser bei Oldenzaal.

Perna Mulleti DESH.

F. ROEMER: (1854) Losser bei Oldenzaal. v. DECHEN: Hüls.

Inoceramus sp.?

WAGENER: Grävinghagen.

Avicula Cornueliana D'ORB. == *Avicula macroptera* ROEM.

F. ROEMER: (1845) Grävinghagen; (1848) Tönsberg; (1850) Barenberg, Gildehaus. WAGENER: Menkhausen, Grävinghagen, Berlebeck.

Avicula sp.? (Subgenus *Buchia*).

F. ROEMER: (1850) Barenberg.

Gervillia cf. *anceps* DESH.

F. ROEMER: (1850) Barenberg.

Lima n. sp.

F. ROEMER: (1850) Hünenburg. v. DECHEN: Huhlenberg. Oben pag. 52 als *Lima Ferdinandi* beschrieben.

Lima sp.?

F. ROEMER: (1850) Barenberg.

Lima sp.? (cf. *duplicata* SOW.)

F. ROEMER: (1850) Barenberg.

Lima Moreana D'ORB.

F. ROEMER: (1850) Barenberg.

Lima sp.? (cf. *expansa* FORB.)

F. ROEMER: (1850) Gildehaus.

Lima sp.?

F. ROEMER: (1852) Neuenheerse; (1854) Losser.

Lima longa Roem.

F. Roemer: (1854) Losser bei Oldenzaal.

Lima sp.?

Wagener: Grävinghagen.

Lima cf. *subrigida* Roem.

F. Roemer: (1852) Neuenheerse.

Pecten cinctus Roem. = *Pecten crassitesta* Roem.

F. Roemer: (1848); Wagener: Tönsberg.

Pecten crassitesta Roem.

F. Roemer: (1850) Hünenburg, Knüll, grosse Egge, Barenberg, Gildehaus; (1854) Losser, (1855) Bentheim; v. Dechen: Teklenburg.

Pecten orbicularis Sow.?

F. Roemer: (1850) Barenberg.

Pecten laminosus (Mant.) Roem.

F. Roemer: (1850) Gildehaus.

Pecten striatopunctatus Roem.

Wagener: Menkhausen; v. Dechen: Hüls.

Pecten sp.?

Wagener: Grävinghagen.

Pecten atacus Roem.

F. Rofmer: (1850) Barenberg.

Ostrea sp.?

F. Roemer: (1852) Neuenheerse.

Ostrea Couloni d'Orb.

Wagener: Menkhausen.

Exogyra sinuata Sow. = *Ostrea Couloni* d'Orb.

F. Roemer: (1848) Tönsberg; (1850) Hünenburg, Barenberg, Gildehaus; (1852) Neuenheerse; (1854) Losser; (1855) Bentheim; v. Dechen: Teklenburg, Hüls.

V. Brachiopoda.

Die Brachiopoden sind wie die übrigen Petrefacten des Neocomsandsteins nur als Steinkerne erhalten; allein *Lingula truncata* macht in dieser Beziehung regelmässig eine Ausnahme. Nur in seltenen Fällen lässt sich etwas von der feineren Ornamentirung der Schalen, z. B. von der Punktirung, welche den Durchbohrungen der Schale entspricht, erkennen. — Auch hier mussten mehrere Formen wegen ihres mangelhaften Erhaltungszustandes von der Beschreibung ausgeschlossen werden. Von den 11 beschriebenen Arten scheinen nur 2 neu zu sein.

Lingula truncata Sow.

Sowerby in Fitton. Geol. trans. Ser. II. Vol. IV. pag. 339 t. 14 f. 15.
Lingula Rauliniana d'Orbigny. Pal. fr. Ter. crét. IV. pag. 10 t. 490.
Lingula Meyeri Dunker. Palaeontographica I. pag. 130 t. 18 f. 9.

Elliptisch, Stirnrand abgerundet, Schlossgegend zugespitzt. Die beiden gleichartigen Schalen sind sehr flach gewölbt und tragen zahlreiche concentrische Anwachsstreifen, welche in der Nähe des Randes am deutlichsten sind.

Unsere Exemplare stammen von derselben Localität, wie die von Dunker l. c. eingehend beschriebene *Lingula Meyeri* und sind zweifellos mit dieser identisch. Ich habe kein wesentliches Merkmal auffinden können, durch welches sie sich von *Lingula truncata* Sow. und von *Lingula Rauliniana* d'Orb. unterschieden.

Lingula truncata ist das einzige Petrefact des Neocomsandsteins, welches ausnahmslos mit der Schale erhalten ist.

Vorkommen: Lämmershagen bei Oerlinghausen. Eheberg zwischen Oerlinghausen und Bielefeld.

Sonstiges Vorkommen: Lowergreensand England's. Gault von Varennes *(Lingula Rauliniana)*.

Rhynchonella multiformis (ROEMER) DE LORIOL.

Taf. XI, Fig. 7—11.

Terebratula multiformis ROEMER. Versteinerungen des norddeutschen Oolithgebirges. Nachtrag pag. 19 t. 18 f. 8.
Rhynchonella depressa d'Orb. Pal. fr. Ter. crét. IV. pag. 18 t. 491 f. 1—7.
Rhynchonella depressa CREDNER. Zeitschrift d. deutschen geol. Gesellschaft. 1864. pag. 549 t. 18, 19.
Rhynchonella multiformis PICTET. Mat. VI. St. Croix V. pag. 10 t. 95 f. 1—8.

Diese durch ihre grosse Variabilität ausgezeichnete Art ist häufig und unter verschiedenen Namen beschrieben. Bei der Mannigfaltigkeit der hierher gehörenden Formen, die trotz weitgehender Verschiedenheiten doch nicht von einander getrennt werden können, ist es schwierig, die Art in genügender Weise zu charakterisiren.

Die grosse Schale ist fast stets breiter als lang. Nimmt man die Länge, d. h. den Abstand der Schnabelspitze vom Stirnrande als Einheit, so schwankt die Breite zwischen 1,05 und 1,18, und nur in Ausnahmefällen geht sie unter 1 herunter. In der Regel ist die grosse Schale flacher als die kleine, in der Mitte zeigt sie eine bald mehr, bald weniger tiefe Einsenkung, der eine Anschwellung der kleinen Schale entspricht. Der vertiefte mittlere Theil ist bald mehr bald weniger vorgezogen und eingebogen, so dass die Commissur an der Stirn eine sanft wellige bis tief buchtige Linie bildet. Die kleine Schale ist an den Seiten niedergedrückt, in der Mitte aufgewulstet; ihr mit der Spitze unter dem Deltidium versteckter Schnabel ist durch das Septum tief gespalten. Der Spalt verflacht sich mit der Entfernung vom Buckel und hört in $^1/_4$—$^1/_3$ der Länge ganz auf. Die Spuren der Zahnstützen und des Armgerüsts sind an den meisten Exemplaren gut erhalten und äusserlich sichtbar.

Die Gestalt der Schalen ist bald symmetrisch, bald schief, nach der einen oder anderen Seite verschoben, indem der Flügel auf der einen Seite kräftiger entwickelt ist als auf der anderen. Die Dicke der Exemplare schwankt zwischen ziemlich weiten Grenzen. Neben flachen Formen, deren Dicke 0,48 der Länge beträgt, kommen aufgeblasene vor, bei denen dieser Bruch den Werth 0,75 erreicht.

Beide Schalen sind mit kräftigen, radialen, von den Buckeln ausstrahlenden Falten bedeckt, deren Zahl zwischen 16 und 30 schwankt; 3—6 von ihnen liegen im Sinus. Die Area ist von wechselnder Grösse, stets glatt und von der übrigen Schale meist scharfkantig abgegrenzt; seltener ist die Uebergangsstelle gerundet. Die Buckel der grossen Schale sind zu beiden Seiten durch die flachen Zahnstützen tief eingeschnitten.

Innerhalb der im Vorstehenden allgemein charakterisirten Art lassen sich mehrere Varietäten unterscheiden, denen, da sie durch Uebergangsformen verbunden sind, nicht der Werth selbstständiger Arten beigelegt werden kann.

Var. α. Taf. XI, Fig. 9.

Länge 25—28 mm, Breite 1,14—1,16 mm, Dicke 0,48—0,50.

Scharfumrandete grosse Area und grosse Schnabelöffnung. Die grosse Schale ist wenig vertieft, die vordere Commissur daher nur schwach wellenförmig. Mässig dick, meist schief, nach rechts oder links verschoben. 24—30 Falten, davon 5—6 im Sinus.

Vorkommen: Barenberg bei Borgholzhausen. Tönsberg bei Oerlinghausen.

Var. β. Taf. XI, Fig. 7.

Länge 24—27 mm, Breite 1,06—1,15 mm, Dicke 0,65—0,75 mm.

Scharfumrandete grosse Area, grosses Deltidium. Dicker als vorige, mit tiefer Einsenkung der grossen Schale und stark ausgeschweiftem Stirnrande. Ungefähr 24 Falten, davon 5—6 im Sinus. Schwach unsymmetrisch, mitunter unregelmässig quergewulstet.

Diese Varietät steht der *Rhynchonella irregularis* PICTET nahe.

Vorkommen: Barenberg bei Borgholzhausen.

Var. γ. Taf. XI, Fig. 10—11.

Länge 15 mm, Breite 1,10—1,20, Dicke 0,63—0,66.

Kleiner als die vorigen und ziemlich constant in den Dimensionen. Bald symmetrisch, bald schief, letzteres freilich oft in Folge von Verdrückung. Grosse Schale gegen die Stirn hin stark vertieft und weit vorgezogen. Area von mässiger Grösse, glatt und concav, durch einen stumpfen Kiel vom Rücken getrennt. 20—22 Falten, davon 3—4 im Sinus.

Diese Varietät kommt am häufigsten vor, oft sind grosse Mengen derselben zusammengehäuft.

Vorkommen: Tönsberg bei Oerlinghausen und Wistinghausen. Hünenburg bei Bielefeld. Hemberg und grosse Egge bei Halle.

Var. δ. Taf. XI, Fig. 8.

Länge 23 mm, Breite 0,82—1,14, Dicke 0,52—0,68.

Grosse Schale tief eingedrückt und nach dem Stirnrande weit vorgezogen. Arealkante stumpf. 14 breite Falten, davon 3 im Sinus.

Vorkommen: Hohlenberg bei Lengerich.

Einzelne dieser Varietäten sind an bestimmte Localitäten gebunden, derart dass da, wo die eine vorkommt, die übrigen fehlen. Es ist deshalb möglich, dass die verschiedenen Varietäten einem verschiedenen Niveau angehören.

Rhynchonella multiformis ist bisher meist unter dem Namen *Rhynchonella depressa* beschrieben. Ich bin der Auffassung von DE LORIOL gefolgt (Mat. I. Animaux invertébrés do Mt. Salève pag. 113), der, nachdem DAVIDSON nachgewiesen hatte, dass die von SOWERBY als *Terebratula depressa* aus dem Uppergreensand beschriebene Art von der *Rhynchonella depressa* D'ORBIGNY aus dem Neocom verschieden ist, auf den bezeichnenden nächstältesten ROEMER'schen Namen *Rhynchonella (Terebratula) multiformis* zurückgegangen ist.

Sonstiges Vorkommen: *Rhynchonella multiformis* ist in der Schweiz ungemein häufig im mittleren Neocom, die Marnes d'Hauterive sind stellenweise ganz von ihr erfüllt. Eine Varietät derselben kommt auch im Valangien vor.

Terebratula (Waldheimia) cf. *pseudojurensis* LEYM.

Taf. XI, Fig. 1—3.

LEYMERIE. Mém. soc. géol. V. pag. 12 t. 15 f. 5—6.
D'ORBIGNY. Pal. fr. Ter. crét. IV. pag. 74 t. 505 f. 11—16.
PICTET. Mat. VI. St. Croix V. pag. 93 t. 202 f. 11—15.

Länge 27 mm. Die Breite schwankt zwischen 0,60 und 0,85, die Dicke zwischen 0,55 und 0,60.

Von ovaler bis gleichschenklig dreiseitiger Gestalt. Die Basis des Dreiecks ist mehr oder weniger nach innen gebogen oder mit anderen Worten, der Stirnrand ist concav. Die grösste Breite liegt in der Regel dem Stirnrande näher als dem Schnabel. Grosse Schale stark gewölbt, nach den Rändern steil abfallend, mit dickem, übergebogenen Schnabel, ziemlich grosser runder Muskelöffnung und breitem, aber niedrigen Deltidium. Die Area geht unvermerkt in den Rücken über. Die kleine Schale ist, wenn auch nicht in dem Masse wie die grosse, doch immerhin stark gewölbt, auch sie fällt nach den Rändern, besonders nach dem Stirnrande hin, steil ein. Das Septum spaltet ihren Schnabel etwa bis zur Schalenmitte. Die Schalen sind in der Nähe des Buckels gleichmässig gewölbt, gegen den Stirnrand hin entwickelt sich bei beiden ein leichter Sinus. Beide sind ferner mit unregelmässigen Anwachsstreifen bedeckt, welche in der Nähe des Stirnrandes besonders markirt sind und dort in Abständen von etwa einem Millimeter regelmässig auf einander folgen. Die seitliche sowohl wie die frontale Commissur bilden einen leichten Bogen. Dadurch, dass die Schalen gegen die seitlichen Ränder steil abfallen, erscheinen manche Exemplare im Querschnitt fast rechteckig. Eine Punktirung konnte auf den Steinkernen nicht beobachtet werden.

Ich bin nicht ganz sicher, ob unsere Art mit der D'ORBIGNY'schen zu identificiren ist, da die Commissuren etwas abweichend gestaltet sind und der Schnabel stärker entwickelt zu sein scheint. Formen wie die Taf. XI, Fig. 2 abgebildete zeigen eine Annäherung an *Terebratula Villersensis* DE LORIOL, lassen sich aber nicht von den übrigen trennen.

Vorkommen: **Hohlenberg** bei **Lengerich. Halle.**

Sonstiges Vorkommen: *Terebratula pseudojurensis* ist charakteristisch für das mittlere Neocom (Marnes d'Hauterive) der **Schweiz** und **Frankreich's** und wird auch aus dem **Lowergreensand England's** citirt.

Terebratula (Waldheimia) hippopus ROEMER.

Taf. XI, Fig. 5—6.

ROEMER. Versteinerungen des norddeutschen Kreidegebirges pag. 114 t. 16 f. 28.
D'ORBIGNY. Pal. fr. Ter. crét. IV. t. 508 f. 13—14.
CREDNER. Zeitschrift d. deutschen geol. Gesellschaft. 1864. pag. 561 t. 21 f. 1 - 5.

Länge 15 mm, Breite 0,62—1,00, Dicke 0,50—0,78.

Eine kleine, in den relativen Dimensionen sehr veränderliche, aber trotzdem äusserst charakteristische Form. In der Regel ist sie länger als breit, von ovalem Umriss. Die grosse Schale ist sehr stark gewölbt, oft fast gekielt, der Stirnrand flach ausgeschnitten, der Buckel schmal und wenig gekrümmt. Die kleine Schale ist nur in der Nähe des Buckels schwach gewölbt, im Uebrigen ist sie flach, ja sogar vielfach concav, in der Mitte der Länge nach eingedrückt. Diese Depression ist fast ihrer ganzen Länge nach von dem Schlitz der Bauchschalenleiste durchzogen, welcher den Schnabel in zwei vollständig gesonderte Hälften zerschneidet, unter deren Spitzen die Löcher für das Armgerüst in das Innere des Steinkerns eindringen. Die seitliche Commissur ist wenig gebogen. Die Area ist mässig gross und bei gut erhaltenen Exemplaren scharf umrandet.

D'ORBIGNY hat den Namen *Terebratula hippopus* auf zwei verschiedene Arten des französischen Neocom angewandt. Die l. c. t. 508 f. 13—14 abgebildete Form scheint, soweit der verschiedene Erhaltungszustand eine Vergleichung zulässt, mit unserer Art identisch zu sein; f. 15—18 sind jedenfalls von ihr verschieden.

Vorkommen: *Terebratula hippopus* ist ziemlich selten; einigermassen häufig ist sie allein im **Homberge** bei **Halle** vorgekommen, wo sie den Arbeitern als „Kaffeebohne" bekannt ist. Vereinzelte Exemplare fanden sich im **Tönsberge** bei **Wistinghausen.**

Sonstiges Vorkommen: Hilsbildungen **Norddeutschland's.**

Terebratula (Waldheimia) faba Sow.

Taf. XI, Fig. 4.

SOWERBY. Geol. trans. Ser. II. Vol. IV. pag. 338 t. 14 f. 10.
CREDNER. Zeitschrift d. deutschen geol. Gesellschaft. 1864. pag. 563 t. 21 f. 3! — 5!
PICTET. Mat. VI. St. Croix V. pag. 92 t. 203 f. 9—10.
Terebratula longa ROEMER. Versteinerungen des norddeutschen Oolithgebirges. Nachtrag pag. 22 t. 18 f. 12; Versteinerungen des norddeutschen Kreidegebirges pag. 44.

Länge 17 mm, Breite 0,65, Dicke 0,55—0,57.

Von regelmässig schlank elliptischem, durch den Schnabel etwas zugespitztem Umrisse. Die grosse Schale, welche wenig stärker gewölbt ist als die kleine, hat einen kurzen, geraden und dicken Schnabel, ein kleines Deltidium und eine wenig markirte Area. Die kleine Schale ist vom Schnabel her zu ¹/₃ durch die Bauchschalenleiste gefurcht, am Stirnrande hat sie einen breiten fast rechteckigen Fortsatz, der in einen entsprechenden Ausschnitt der grossen Schale eingreift. Beide Schalen sind nach allen Seiten sehr ebenmässig gewölbt, so dass der Steinkern eine ausgezeichnet regelmässige subcylindrische Gestalt hat. Die Commissur ist an den Seiten gerade oder wenig gebogen, am Stirnrande bildet sie eine in charakteristischer Weise unter rechten Winkeln gebrochene Linie.

Das zuletzt erwähnte Merkmal ist bei keiner der bisher beschriebenen Formen in gleich starker Weise ausgebildet, indessen lassen die Abbildungen bei CREDNER (t. 21 f. 5!) und bei ROEMER (t. 18 f. 12c) wenigstens ein ähnliches Verhalten erkennen.

Vorkommen: Heimberg bei Halle. Selten.

Sonstiges Vorkommen: Mittleres Neocom der Schweiz. Hilsbildungen Norddeutschlands. Lowergreensand England's.

Terebratula sella Sow.

SOWERBY. Min. Conch. t. 437 f. 1.
ROEMER. Versteinerungen des norddeutschen Kreidegebirges pag. 43 t. 6 f. 17.
D'ORBIGNY. Pal. fr. Ter. crét. IV. pag. 91 t. 510 f. 6—12.
DAVIDSON. British cretaceous brachiopods pag. 59 t. 7 f. 4—10.
PICTET. Mat. VI. St. Croix V. pag. 78 t. 202 f. 19.
Terebratula biplicata CREDNER pars. Zeitschrift d. deutschen geol. Gesellschaft 1864 pag. 557 t. 20 f. 11—13.

Terebratula sella ist so oft beschrieben und abgebildet, dass es überflüssig ist, auf eine nähere Beschreibung einzugehen, zumal die nur in geringer Zahl vorliegenden Exemplare zu keinen neuen Beobachtungen Anlass geben, vielmehr der typischen Terebratula sella Sow. vollkommen gleichen.

CREDNER hat l. c. die entsprechende Art der übrigen norddeutschen Hilsbildungen mit Terebratula biplicata ROEM., Terebratula perovalis ROEM., Terebratula praelonga Sow., Terebratula longirostris ROEM. und Terebratula Carteroniana D'ORB. vereinigt. Nun mag ROEMER's Terebratula biplicata aus dem Hilsconglomerat mit Terebratula sella Sow. identisch sein, Terebratula biplicata Sow. ist jedenfalls davon verschieden, nach SCHLÖNBACH und DE LORIOL vielmehr gleich Terebratula Dutempleana D'ORB. Für die letztere Art ist deshalb der Name Terebratula biplicata Sow. festzuhalten, da die ältere BROCCHI'sche Bezeichnung Anomya biplicata unsicher ist, sich wahrscheinlich auf eine jurassische Art bezieht und deshalb besser unterdrückt wird (cf. SCHLÖNBACH, Brachiopoden der norddeutschen Cenomanbildungen pag. 433ff.) Für die vorliegende biplicate Art der norddeutschen Hilsbildungen muss demnach der Name Terebratula sella Sow. beibehalten werden. Von den Formen, welche CREDNER damit vereinigt, kommt im Neocomsandstein nur Terebratula perovalis ROEM. vor, und diese unterscheidet sich von ihr so wesentlich, dass es geboten zu sein scheint, sie als besondere Art aufzufassen. Ich habe dieselbe deshalb unten als Terebratula Credneri beschrieben.

Vorkommen: Tönsberg. Eheberg. Hohnsberg.

Sonstiges Vorkommen: Mittleres Neocom und Aptien der Schweiz und Frankreich's. Lowergreensand England's. Hilsbildungen Norddeutschland's.

Terebratula Credneri WEERTH.

Taf. XI, Fig. 13.

Terebratula perovalis ROEMER. Versteinerungen des norddeutschen Oolithgebirges pag. 54 t. 2 f. 3; Versteinerungen des norddeutschen Kreidegebirges pag. 42.

Terebratula perovalis BOEHM. Zeitschrift d. deutschen geol. Gesellschaft. 1877. pag. 250.

Terebratula biplicata CREDNER. Zeitschrift d. deutschen geol. Gesellschaft. 1864. pag. 557 t. 20 f. 14—16.

Die vorliegende Art ist von A. ROEMER aus dem Hilsthon unter dem Namen *Terebratula perovalis* Sow. beschrieben, eine Bezeichnung, welche bekanntlich einer abweichenden Art des mittleren Jura zukommt; (vergl. DAVIDSON, British Brachiopods III. pag. 51 t. 10 f. 1—6). D'ORBIGNY vereinigt *Terebratula perovalis* Sow. mit seiner *Terebratula Moutoniana*, von der sie, wie weiter unten gezeigt werden wird, wesentlich verschieden ist. CREDNER endlich hat dieselbe mit *Terebratula sella* und anderen biplicaten Terebrateln unter dem Namen *Terebratula biplicata* vereinigt. Nun steht es u. a. nach SCHLÖNBACH's Untersuchungen fest, dass *Terebratula biplicata* Sow. mit *Terebratula Dutempleana* D'ORB. identisch ist. Letztere Art aber gehört einem höheren Niveau an als die vorliegende und ist sicher von ihr verschieden. Es kann deshalb keiner dieser drei Namen beibehalten werden.

Länge 60 mm, Breite 36 mm (0,6), Dicke 26 mm (0,43).

Langgestreckt eiförmig, viel länger als breit und mässig dick. Grösste Breite und Dicke in der Mitte. Schnabel kräftig übergebogen, schräg abgestutzt, auf den Seiten undeutlich kantig. Schnabeldurchbohrung von mässiger Grösse. Deltidium breit und sehr niedrig. Die in der Nähe der Buckel gleichmässig gewölbten Schalen nehmen gegen den Stirnrand hin eine schwache biplicate Faltung an, welche auf dem Stirnrande eine kräftig wellenförmige Commissur erzeugt. Der Steinkern lässt noch Spuren der für die Art charakteristischen radialen Streifung erkennen.

Terebratula Credneri unterscheidet sich von *Terebratula Moutoniana* D'ORB. u. a. durch die gestrecktere Gestalt und die Radialstreifung der Schalen; von *Terebratula Dutempleana* D'ORB. = *Terebratula biplicata* Sow. durch dieselben Merkmale und durch die schwächer ausgeprägte Faltung der Schalen (doch ist zu erwähnen, dass auch bei *Terebratula Dutempleana* eine undeutliche radiale Streifung vorkommt); von den Formen, die ROEMER unter dem Namen *Terebratula longirostris* beschrieben hat (vergl. CREDNER l. c. t. 20 f. 5—7) und ebenso von *Terebratula praelonga* Sow. durch den kürzeren, gebogenen Schnabel und das niedrige Deltidium; von *Terebratula sella* Sow. und *Terebratula valdensis* DE LORIOL durch die verlängerte Form und die viel schwächere Faltung.

Vorkommen: Barenberg bei Borgholzhausen.

Sonstiges Vorkommen: Hilsbildungen Norddeutschland's: Elligserbrink.

Terebratula Moutoniana D'ORB.

Taf. XI, Fig. 15—16.

D'ORBIGNY. Pal. fr. Ter. crét. IV. pag. 89 t. 510 f. 1—5.

SCHLÖNBACH. Zeitschrift d. deutschen geol. Gesellschaft. 1866. pag. 364.

PICTET. Mat. VI. St. Croix V. pag. 86 t. 203 f. 1—3.

BOEHM. Zeitschrift d. deutschen geol. Gesellschaft. 1877. pag. 249.

Terebratula Moutoniana D'ORB. ist eine in den relativen Dimensionen sehr veränderliche, schwach biplicate echte Terebratel ohne dorsales Septum (vergl. PICTET t. 203 f. 1 b) und mit grossem Foramen; den citirten Beschreibungen ist nichts wesentlich Neues hinzuzufügen.

Von den beiden vorher beschriebenen Arten ist sie unschwer zu unterscheiden: sie ist nicht so lang gestreckt wie *Terebratula Credneri*, die Schalen sind flacher und eine radiale Streifung fehlt; *Terebratula sella* ist viel stärker gefaltet.

Bezüglich der *Terebratula Moutoniana* (D'ORB.) CREDNER siehe folgende Art.

Vorkommen: Tönsberg, Barenberg, Bevergern.

Sonstiges Vorkommen: Unteres, mittleres und oberes Neocom Frankreich's und der Schweiz. Hilsbildungen Norddeutschland's. Gault von Ahaus.

Terebratula (Waldheimia) sp.

Taf. XI, Fig. 14.

Terebratula Moutoniana CREDNER. Zeitschrift d. deutschen geol. Gesellschaft. 1864. pag. 561 t. 21 f. 3—5.

CREDNER beschreibt l. c. eine dem Subgenus *Waldheimia* angehörige Terebratel als *Terebratula Moutoniana* D'ORB., während die letztere sicher eine Terebratel im engeren Sinne ist. Es wird deshalb nothwendig sein, die CREDNER'sche Form als neue Art einzuführen. Mir liegt nur ein Exemplar vor, welches mit ihr übereinstimmt; auf dieses vereinzelte Vorkommen lässt sich die neue Art aber nicht begründen.

Länge 32 mm, Breite 21 mm, Dicke 15 mm.

Regelmässig oval, durch den Buckel etwas zugespitzt; die grösste Breite liegt in der Mitte, die grösste Dicke nähert sich dagegen dem Schnabel mehr als dem Stirnrande. Die grosse Schale ist kräftig gewölbt, der Schnabel ist dick, übergebogen und durch die Zahnlamellen tief eingeschnitten. Die Muskelöffnung ist klein und rund, das Deltidium breit und niedrig. Die kleine Schale, welche in der Nähe des Buckels schwach gewölbt ist, wird gegen den Stirnrand ganz flach, der Einschnitt des dorsalen Septums verschwindet vor der Mitte. Von der Seite gesehen hat der Steinkern eine keilförmige Gestalt, indem er sich von der Buckelgegend aus, wo er am dicksten ist, nach der Stirn hin allmählich zuschärft. Sämmtliche Klappenränder liegen in einer Ebene. Die Schalen zeigen undeutliche Spuren von Anwachsstreifen, ausserdem aber eine schon für das blosse Auge oder bei einer schwachen Vergrösserung sichtbare äusserst zarte Chagrinirung, die sich bei einer stärkeren Vergrösserung in zierliche, dichtstehende Punktreihen auflöst.

Vorkommen: Tönsberg bei Oerlinghausen.

Sonstiges Vorkommen: Hilsbildungen und Gargasmergel Norddeutschland's.

Terebratula sp.?

Taf. XI, Fig. 12.

Diese am häufigsten im Neocomsandstein vorkommende Terebratel scheint keiner bekannten Art anzugehören. Sie variirt etwas in den relativen Dimensionen, ihre durchschnittliche Länge beträgt 40 mm, die Breite ist ungefähr $^2/_3$ der Länge, die Dicke ist stets gering — etwa $^2/_5$ der Länge. Ihre Form ist oval, indessen meistens schief, bald nach rechts bald nach links verschoben. Beide Schalen, besonders aber die kleine, sind sehr flach, die Schalenränder liegen fast in einer Ebene und sind nur mitunter am Stirnrande schwach wellenförmig gebogen. Dieser letztere ist scharfkantig, der Schnabel der durchbohrten Klappe hat eine mässige Grösse, ein mittelgrosses Foramen, ist bald etwas mehr, bald etwas weniger übergebogen und schräg abgestutzt und überragt ein niedriges Deltidium. Die Steinkerne tragen häufig unregelmässige Anwachsstreifen.

Es bleibt zweifelhaft, ob die beschriebene Form nicht etwa zu *Terebratula Moutoniana*, mit der sie eine Reihe von Charakteren gemeinsam hat, zu stellen ist. Indessen ist *Terebratula Moutoniana* in der Regel breiter und soviel mir bekannt ist, stets symmetrisch, während die in Rede stehenden Formen fast immer unsymmetrisch sind.

Vorkommen: Tönsberg, Hemberg, Barenberg.

Terebratula n. sp.

Länge 40 mm, Breite 18 mm, Dicke 15 mm.

In einem schlecht erhaltenen Exemplare liegt eine durch ihre ausserordentlich verlängerte Gestalt — die Länge ist mehr als doppelt so gross wie die Breite — und den sehr grossen übergebogenen Schnabel auffallende Form vor. Die Klappenränder liegen fast in einer Ebene, der Stirnrand ist scharfkantig. Die kleine Schale ist wenig gewölbt. Der Erhaltungszustand macht eine eingehende Beschreibung unmöglich. Es schien mir trotzdem nicht überflüssig, diese jedenfalls neue Art zu erwähnen.

Vorkommen: Tönsberg bei Oerlinghausen.

Von Brachiopoden des Neocomsandsteins sind anderweitig erwähnt oder beschrieben:

Lingula sp. indet. (= *truncata* Sow.?)

Roemer: (1848) Tönsberg.

Lingula Meyeri Dunker.

Dunker: Grävinghagen. — Schlüter.

Terebratula (Rhynchonella) multiformis Roem.

Roemer: (1848) Tönsberg; (1850) Hünenburg, Barenberg; (1852) Neuenhoerse. v. Dechen: Teklenburg, Hohlenberg.

Terebratula longa Roem.

Roemer: (1848) Tönsberg; (1850) Hünenburg, Barenberg.

Terebratula biplicata var. *acuta* v. Buch.

Roemer: (1850) Barenberg.

Terebratula sp.?

Wagener: Grävinghagen.

V. Annelides.

Serpula articulata Sow.

Sowerby. Min. Conch. pag. 632 t. 599 f. 4.
Roemer. Versteinerungen des norddeutschen Kreidegebirges pag. 100.
Keeping. Foss. of Upware and Brickhill pag. 131 t. 7 f. 7.

Vierkantig, mit quadratischem Querschnitt, $1—1\frac{1}{2}$ mm dick. In unregelmässigen Abständen tragen die Röhren ringförmige Querwülste, welche sich auf den Kanten zu stumpfen Höckern erheben. Diese Querwülste folgen bald in Abständen von 4—5 mm auf einander, bald stehen sie unmittelbar hintereinander. Die Steinkerne bilden regelmässige glatte Cylinder.

Die von Sowerby abgebildete Art aus dem Uppergreensand ist erheblich grösser als die hier vorkommende Form, ebenso die von Roemer beschriebene Form des Hilsthons. Eine Längsfurchung, die von Roemer angegeben wird, wurde nicht beobachtet. Im Uebrigen ist die Uebereinstimmung im Bau so vollständig, dass ich, trotzdem die Art in England nur in einem höheren Niveau vorkommt — in Forbes's Catalog der Lowergreensandpetrefacten fehlt sie — kein Bedenken trage, unsere Form damit zu identificiren.

Vorkommen: Lämmershagen und Tönsberg bei Oerlinghausen.

Sonstiges Vorkommen: Hilsthon; Hilsconglomerat (Hils, Berklingen).

Serpula cf. Phillipsii ROEMER.

ROEMER. Versteinerungen des norddeutschen Kreidegebirges pag. 102 t. 16 f. 1.

Nicht selten haben sich glatte Bruchstücke einer Serpel von mehreren Millimetern Durchmesser und kreisförmigem Querschnitt gefunden, welche vielleicht dieser Art angehören. Seltener ist der spiralig aufgerollte Theil erhalten.

Vorkommen: Tönsberg.

Sonstiges Vorkommen: Hilsthon von Helgoland. Speeton.

VI. Echinoidea.

Cidaris Fribourgensis DE LORIOL.

DE LORIOL. Echinides des Terrains crétacés etc. pag. 42 t. 3 f. 11—12.

Cylindrische Stacheln von mehr als 100 mm Länge und 2—3 mm Durchmesser, mit kurzen und kräftigen, weitläufig stehenden Dornen. Der Hals ist von mässiger Länge, der Ring wenig vorspringend.

Cidaris Fribourgensis DE LORIOL ist zwischen den Dornen zart granulirt; etwas derartiges beobachtet man auch bei unserer Form, indessen ist es fraglich, ob das hier nicht auf Rechnung des Versteinerungsmaterials zu setzen ist. Eine Streifung des Halses und des Ringes scheint nicht vorhanden zu sein, so dass einige Zweifel übrig bleiben, ob die Art wirklich mit Cidaris Fribourgensis identisch ist.

Cidaris sp. bei KEEPING (Foss. of Upware and Brickhill pag. 133 t. 7 f. 9) ist vielleicht mit der vorliegenden Art identisch, jedenfalls steht sie ihr sehr nahe.

Vorkommen: Tönsberg bei Wistinghausen.

Sonstiges Vorkommen: Cidaris Fribourgensis DE LORIOL stammt aus dem alpinen Neocom von La Veyse (Canton Freiburg).

Cidaris punctata ROEMER.

Cidarites punctatus ROEMER. Ool. pag. 26 t. 1 f. 15.
Cidaris punctata DIXON. Synopsis pag. 11 t. 5 f. 1.
„   „   DE LORIOL. Echinides des Terrains crétacés etc. pag. 4 3 f. 13—15.
„   „   BOHM. Zeitschrift d. deutschen geol. Gesellschaft 1877 pag. 229.

Es sind einige Abdrücke von Stacheln mit dichtstehenden Punktreihen vorgekommen, die dieser Art angehören dürften. Die Stiele sind nicht erhalten.

Vorkommen: Eheberg.

Sonstiges Vorkommen: Mittleres Neocom der Schweiz. Hilsbildungen Norddeutschland's.

Cidaris sp.?

Von einem Cidariten ist der Körper als Steinkern erhalten (Durchmesser 30 mm), der Erhaltungszustand ist indessen so schlecht, dass eine Bestimmung unmöglich ist. Die Interambulacralfelder tragen zwei Reihen von je 5 kräftigen Warzen, welche in der Nähe des Mundes kleiner, nach dem After zu grösser sind. Vorkommen: Eheberg.

Pseudodiadema n. sp.

Ausser den Steinkernen sind bruchstückweise auch die Abdrücke erhalten; eine Abbildung der ersteren ist nutzlos, der letzteren unmöglich. Da die Art indessen jedenfalls neu ist, so dürfte eine Beschreibung derselben, so unvollständig dieselbe auch nur sein kann, nicht überflüssig sein.

Die Steinkerne sind kreisförmig, unten flach, oben mässig gewölbt und zeigen in der Regel noch die Spuren der geraden Fühlergänge. Sie erreichen einen Durchmesser von 12 mm, sind aber meistens kleiner — das kleinste beobachtete Exemplar misst 7 mm —, ihre Höhe ist halb so gross. Der Durchmesser der grossen zehnseitigen, an den Ecken etwas eingeschnittenen Mundöffnung beträgt ¹/₃ des Gesammtdurchmessers. Die Ambulacralfelder sind kaum halb so breit wie die Interambulacralfelder und tragen zwei Reihen durchbohrter, von einem Kreise kleiner Knötchen umgebener Warzen, welche weitläufig alternirend gestellt sind, und deren Zahl in beiden Reihen zusammengenommen nicht über 8 hinausgeht. In der Nähe des Mundes stehen dieselben dichter bei einander und in dem Masse, wie sie sich von da entfernen, werden sie grösser und grösser. In der Nähe des Scheitels sind sie weitläufiger gestellt; auf die grösste Warze der einen Reihe scheint dort nur noch eine kleinere der andern Reihe zu folgen. Die Fühlergänge sind gerade, die Poren stehen paarweise übereinander und vervielfachen sich weder gegen den Scheitel hin, noch in der Nähe des Mundes.

Die Interambulacralfelder tragen ebenfalls zwei Reihen von Warzen, welche denen der Ambulacralfelder analog sind und wie diese in der Mitte zwischen Mund und After auffallend gross werden, so dass ihre Zahl verhältnissmässig klein ist. In jeder Reihe stehen höchstens 8 von ihnen, vielleicht aber auch nur 7. Ausser den Knötchen, welche die Warzen kreisförmig umgeben, sind kaum Spuren einer Granulation der Ambulacral- wie der Interambulacralfelder bemerkbar.

Durch die Grösse und geringe Zahl der Stachelwarzen unterscheidet sich die vorliegende von allen bekannten Arten der Gattung *Pseudodiadema*.

Vorkommen: Tönsberg bei Wistinghausen.

Psammechinus sp.?

Es liegt der Steinkern eines *Psammechinus* vor, dessen Erhaltungszustand die specifische Bestimmung unmöglich macht.

Von den bekannten Arten scheint sich derselbe durch die grössere Mundöffnung zu unterscheiden.

Vorkommen: Eheberg zwischen Oerlinghausen und Bielefeld.

Holectypus sp.?

Durchmesser 11,5 mm, Höhe 5 mm.

Ein Exemplar, das sich von den bekannten Arten durch die grosse Mundöffnung unterscheidet — dieselbe hat einen Durchmesser von 5 mm, d. h. 0,43 des Totaldurchmessers. Die grosse, länglich ovale, nach aussen zugespitzte Afteröffnung beginnt in der Nähe des Mundes und erstreckt sich bis über den Rand hinaus.

Dasselbe ist bei jugendlichen Formen von *Holectypus macropygus* DESOR der Fall, denen unsere Form überhaupt ausserordentlich ähnlich ist. Die Abbildung bei COTTEAU (Pal. fr. Ter. crét. VII t. 1014 f. 12—14) steht ihr am nächsten, freilich ist der Mund viel kleiner. Dabei ist allerdings zu berücksichtigen, dass das vorliegende, übrigens gut erhaltene Exemplar ein Steinkern ist, so dass die Mundöffnung etwas grösser erscheinen wird, als sie bei Schalenexemplaren sein mag, aber immerhin bleibt es fraglich, ob sich die Verschiedenheit dadurch hinreichend erklärt. DE LORIOL giebt (Échinologie helvétique. Terrains crétacés pag. 177) die Mundweite für *Holectypus macropygus* zu nur 0,26 an, während dieselbe bei unserer Form den Werth 0,43 erreicht. Da ferner weder die Schale noch deren Abdruck erhalten ist, so muss es zweifelhaft bleiben, ob die vorliegende Art mit *Holectypus macropygus* identisch ist.

Vorkommen: Eheberg.

(*Holectypus macropygus* DESOR tritt im Valangien auf, erreicht das Maximum seiner Entwickelung im mittleren Neocom und findet sich noch im Aptien.)

Echinobrissus sp. ?

Es liegt ein Exemplar vor, welches durch Verdrückung gelitten hat und deshalb eine exacte Bestimmung nicht zulässt. Dasselbe steht dem *Echinobrissus Renevieri* DESOR (cf. DE LORIOL l. c. pag. 256 t. 20 f. 6—8) nahe, ob es damit identisch ist, muss unentschieden bleiben. Der Scheitel liegt weniger excentrisch und die grösste Höhe wird erst unmittelbar über dem tiefen Analsinus, welcher die Unterseite ziemlich stark ausrandet, erreicht, so dass die Oberseite von vorn nach hinten regelmässig ansteigt. Ob diese Abweichungen lediglich durch die Verdrückung bedingt sind, lässt sich nicht mit Sicherheit entscheiden.

Vorkommen: Barenberg bei Borgholzhausen.

Phyllobrissus Gresslyi (AG.) COTTEAU.

Taf. XI, Fig. 20.

Catopygus Gresslyi AGASSIZ. Descr. des Éch. foss. de la Suisse I. pag. 49 t. 8 f. 1—3.
Nucleolites „ AG. u. DESOR. Cat. rais. des Éch. pag. 98.
Clypeopygus „ D'ORBIGNY. Pal. fr. Ter. crét. pag. 425 t, 966 f. 1—6.
Echinobrissus „ DESOR. Synopsis pag. 269.
Phyllobrissus „ COTTEAU. Éch. foss. de l'Yonne II. pag. 84 t. 56.
„ „ DE LORIOL. Échinides des Terrains crétacés pag. 242 t. 19 f. 4—5.

Die zwei vorliegenden Exemplare geben zu keinen besonderen Bemerkungen Anlass. Dieselben stimmen in den Dimensionen [Länge 21 mm, Breite 19 mm (0,90), Höhe 11 mm (0,53)] wie in allen übrigen Merkmalen gut mit der Art des Neocom überein.

Vorkommen: Eheberg.

Sonstiges Vorkommen: Mittleres Neocom Frankreich's und der Schweiz.

Collyrites ovulum (DESOR) D'ORBIGNY.

Dysaster ovulum DESOR. Monographie des Dysaster pag. 22 t. 3 f. 5—8.
Collyrites „ D'ORBIGNY. Pal. fr. Ter. crét. VI. pag. 54 t. 801 f. 7—13.
„ „ DE LORIOL. Mat. I. Animaux invertébrés du Mt. Salève pag. 170 t. 20 f. 3.
„ „ DE LORIOL. Échinides des Terrains crétacés pag. 297 t. 32 f. 7—10.

Länge 16—18 mm, Breite 15—16 mm (0,90), Höhe ca. 10 mm (0,60).

Mehrere Exemplare, welche in der Höhe etwas hinter den typischen Formen der Schweiz zurückbleiben und deren Mund dem Rande etwas näher liegt, zeigen im Uebrigen vollkommene Uebereinstimmung. Von dem Kalkspath der Schale ist mitunter noch ein Anflug auf dem Steinkern erhalten.

Vorkommen: Hohnsberg bei Iburg.

Sonstiges Vorkommen: Mittleres Neocom der Schweiz und Frankreich's.

Holaster Strombecki (Desor) Weerth.

Taf. XI, Fig. 18—19.

Desor. In schedulis.

Länge 16—25 mm, Breite ebenso, Höhe 0,55—0,64.

Breit herzförmig, ebenso breit wie lang, vorn gleichmässig gerundet, nach hinten verschmälert, etwas mehr als halb so hoch wie lang. Oben gleichmässig, ziemlich flach gewölbt; das unpaarige, hintere Interambulacrum meist der Länge nach undeutlich gekielt. Vom excentrischen, etwas nach vorn gerückten Scheitel geht ein flacher und breiter Sinus aus, welcher den Vorderrand flach ausschneidet und sich als erhebliche Einsenkung auf der Unterseite bis zum Munde fortsetzt. Der hintere Theil ist durch eine ebene Fläche schräg abgestutzt, an deren oberem Ende der grosse, längliche, oben zugespitzte, unten gerundete After hervortritt, der etwa ²/₅ von der ganzen Länge dieser Analfläche einnimmt. Der Unterrand der letzteren ist etwas vorgezogen und tritt leicht convex aus der Randebene heraus. Die Unterseite ist flach, das Plastrum kaum hervortretend. Die geraden Fühlergänge divergiren sehr stark vom Scheitel gegen den Unterrand.

Holaster cordatus Dubois und Holaster L'Hardyi Dubois = Holaster intermedius (Münster) Ag. sind nahe verwandt. Der erstere unterscheidet sich von Holaster Strombecki durch die weniger excentrische Lage des Scheitels, durch grössere Höhe, steilere Analfläche, kleineren und höher liegenden After. Manche Varietäten von Holaster L'Hardyi zeigen eine grosse Annäherung an Formen der vorliegenden Art, doch scheint auch hier die grössere Höhe bei Holaster L'Hardyi, die weniger excentrische Lage des Scheitels und das stärker hervortretende Plastrum einen durchgreifenden Unterschied zu bilden.

Die vorliegende Art ist bisher nicht beschrieben. Nach P. de Loriol's Mittheilungen hat Desor dieselbe Holaster Strombecki genannt, und sie liegt unter diesem Namen in verschiedenen Sammlungen.

Vorkommen: Tönsberg, Eheberg.

Echinospatagus cordiformis Breyn.

Taf. XI, Fig. 17.

Toxaster complanatus Ag. Catal. Ectyp. foss. pag. 15.
      »   »   Ag. und Desor. Cat. rais. des Éch. pag. 131 t. 16 f. 4.
      «   »   Desor. Synopsis pag. 351 t. 40 f. 1—4.
      «   »   v. Strombeck. Zeitschrift d. deutschen geol. Gesellschaft Bd. I. pag. 464.
Echinospatagus cordiformis d'Orb. Pal. fr. Tr. crét. VI. pag. 155 t. 840.
      »   »   Cotteau. Éch. foss. de l'Yonne II. pag. 117 t. 61 f. 1—6.
      »   »   P. de Loriol. Échinides des Terrains crétacés pag. 343 t. 29 f. 1—7.

Diese im Neocom der Schweiz und Frankreich's so weit verbreitete und sehr variable Form ist so häufig beschrieben, dass ich mich auf wenige Bemerkungen über die Beziehungen unserer Formen zu den typischen jener Gegenden beschränken kann. Ich finde im ganzen Habitus, in der Beschaffenheit der Fühlergänge u. s. w. so viel Uebereinstimmung bald mit der einen, bald mit der anderen Varietät, dass es mir nicht berechtigt zu sein scheint, eine Trennung vorzunehmen und auf die hiesigen Formen eine neue Art zu gründen. Herr P. de Loriol, der die Güte gehabt hat, eine Vergleichung mit zahlreichen Exemplaren der Schweiz vorzunehmen, kommt gleichfalls zu dem Resultate, „dass eine grosse Annäherung an manche Varietäten von Echinospatagus cordiformis stattfindet".

Die Dimensionen der zahlreich vorliegenden Exemplare schwanken zwischen: Länge 18—33 mm, Breite ebenso, Höhe 11—20 mm.

Dazu ist zu bemerken, dass, während bei den bekannten Formen die Breite in der Regel von der Länge übertroffen wird, die Formen des Neocomsandsteins in Länge und Breite stets fast genau übereinstimmen. Ihre Höhe ist die normale. DE LORIOL giebt 0,58—0,70 (in Bezug auf die Länge) an, die hiesigen Exemplare lieferten die Werthe 0,60—0,66. Nach hinten verschmälert sich der ovale Umriss ziemlich stark, ein Verhalten, das sich indessen auch bei manchen Formen der Schweiz wiederfindet. Der Scheitel ist meist etwas nach hinten gerückt, oft aber auch fast central; bei den bekannten Formen hat derselbe immer eine, freilich in wechselndem Grade excentrische Lage. Die Oberseite ist nach hinten regelmässig gewölbt, nach vorn fällt sie steiler ab, doch nicht in dem Masse, als das sonst meistens der Fall zu sein pflegt. In Bezug auf die Lage und Gestalt von Mund und After, auf die Form der Unterseite, des Plastrums, sowie des Sinus für das unpaarige Ambulacrum, endlich in Bezug auf die Fühlergänge selbst findet, soweit der Erhaltungszustand eine Vergleichung zulässt, die vollkommenste Uebereinstimmung statt; es lässt sich z. B. selbst an den Steinkernen beobachten, dass die vorderen paarigen Ambulacren sich auf der Unterseite bis zum Munde fortsetzen. Die in der Nähe des Scheitels paarigen Poren werden nach unten einfach und klein; auf der Unterseite, wo sie dieselbe Beschaffenheit zeigen, stehen sie sehr entfernt von einander, rücken aber in der Nähe des Mundes wieder näher zusammen.

Nahe verwandt sind *Echinospatagus Ricordeanus* COTTEAU und *Echinospatagus granosus* D'ORBIGNY. Der erstere ist höher als *Echinospatagus cordiformis*, gleichmässiger gewölbt, seine Analfläche ist steiler und der vordere Sinus weniger tief. *Echinospatagus granosus* unterscheidet sich durch geringere Höhe, steilere Analfläche, flacheren Sinus und dadurch, dass auch der Sinus Warzen trägt, die bei *Echinospatagus cordiformis* fehlen.

Vorkommen: Tönsberg, Lämmershagen, Barenberg, Dörenberg bei Iburg.

Sonstiges Vorkommen: Valangien von St. Croix (selten). Mittleres Neocom der Schweiz und Frankreich's.

Von Echiniden sind aus dem Neocomsandstein anderweitig erwähnt oder beschrieben:

Holaster laevis DESR.

A. ROEMER: Von Werther. F. ROEMER: (1850) Barenberg. — Wahrscheinlich *Holaster Strombecki* DESOR.

Holaster n. sp.

v. DECHEN: Barenberg. Dürfte mit voriger Art ident sein.

Toxaster complanatus AG.

F. ROEMER: (1850) Barenberg.

Diadema sp.?

F. ROEMER: (1850) Barenberg.

Cidarites sp.?

WAGENER: Menkhausen.

Cidaris variabilis DUNKER u. KOCH.

F. ROEMER: (1852) Neuenheerse.

VII. Crinoidea.

Pentacrinus neocomiensis DESOR.

DESOR. Note sur les Crinoides fossiles de la Suisse pag. 14.
DE LORIOL. Monographie des Crinoïdes fossiles de la Suisse. 1877—1879 pag. 157 t. 16 f. 34—37 (siehe hier auch die Synonymie).

Abdrücke vereinzelter, meist aber mehrerer zusammenhängender Säulenglieder haben sich ziemlich häufig gefunden. Dieselben haben in der Regel einen Durchmesser von 6—7 mm. Die Dicke der einzelnen Glieder ist gering; auf eine Länge von 14 mm wurden 13 Glieder gezählt, und da hierbei die Zwischenräume mitgerechnet sind, so wird die Dicke eines Gliedes geringer als ein Millimeter sein. Uebrigens ist die Dicke nicht constant, in unregelmässiger Folge treten bald etwas dickere, bald dünnere Glieder auf. Wenn Glieder von 6—7 mm Durchmesser die Regel bilden, so kommen daneben, oft in demselben Handstück, auch kleinere vor, deren Durchmesser nur halb so gross ist. Die Gelenkflächen der Stengelglieder bilden ein regelmässiges Fünfeck mit einspringenden sehr stumpfen Winkeln, welche ebenso wie die ausspringenden Winkel am Scheitel gerundet sind. Der Stamm bildet dementsprechend eine fünfseitige kannelirte Säule.

In einem Exemplare liegt die Krone mit einem Theile des Stiels vor. Da nur der Abdruck in Gestalt von Löchern und Höhlungen erhalten ist, so ist es schwer, alle Verhältnisse klar zu legen, und ganz unmöglich, eine Abbildung herzustellen. Der erhaltene Theil des gewundenen Stengels hat eine Länge von 52 mm, einen Durchmesser von 6—7 mm, die Dicke ist besonders im oberen Theile sehr variabel: in der Regel schiebt sich dort zwischen zwei Glieder von normaler Dicke ein ganz dünnes ein. Das letzte Glied, welches die Krone trägt, scheint sich nach oben hin nicht conisch zu verjüngen, wie das bei jurassischen Arten der Fall zu sein pflegt. Von dem Stamme gehen von Zeit zu Zeit etwa millimeterdicke geschlängelte Hülfsarme mit geradem stumpfem Endgliede aus, welche eine durchschnittliche Länge von 25 mm haben. In mehreren Fällen liegen zwischen zwei Gliedern mit Hülfsarmen je sechs Glieder ohne solche, indessen bleibt es zweifelhaft, ob das regelmässig der Fall ist.

Das vorliegende Stück der Krone hat eine Länge von mehr als 100 mm, doch sind die Aeste derselben nicht bis an's Ende erhalten. Von dem Kelch, der jedenfalls nur eine geringe Ausdehnung gehabt hat, ist nur wenig zu erkennen. Dasselbe gilt von den Kelchradialen, ja es bleibt sogar zweifelhaft, ob von diesen überhaupt mehr als je eins vorhanden gewesen ist; deutlich erkennbar ist nur das Kelchradiale mit den zwei Gelenkflächen, an deren jede sich einer der zehn Kronenarme ansetzt. Der Abdruck desselben hat die Form eines gleichschenkeligen, fast gleichseitigen Dreiecks mit etwas concaven Schenkeln. Dieselbe Gestalt zeigen weiterhin auch alle übrigen Armglieder mit doppelten Gelenkflächen. Dieses Verhalten scheint ein charakteristisches Merkmal zu bilden, durch welches sich unsere Art von denen der Juraformation unterscheidet: bei letzteren sind, soviel mir bekannt ist, die Gelenkflächen unter stumpfen Winkeln gegen einander geneigt, bei unserer Art ist dieser Winkel ein spitzer und kleiner als 60 Grad. Durch die starke Neigung der Gelenkflächen wird es bewirkt, dass die zwei folgenden Armglieder eine ausgesprochen keilförmige Gestalt bekommen und erst vom dritten ab wieder regelmässig parallele Flächen zeigen.

Die Gabelung der Arme findet in wechselnder Höhe statt; bei den beiden am besten erhaltenen und nebeneinander liegenden Armen tritt dieselbe ein, nachdem sich das eine Mal 12, das andere Mal 18 Glieder eingeschoben haben, darauf folgen in einem Falle 24 Glieder bis zur nächsten Gabelung. Eine weitere Verzweigung wurde nicht beobachtet, ist aber nicht ausgeschlossen. Ist sie nicht vorhanden, so endet die Krone demnach mit 40 Aesten.

Da meines Wissens die Krone von *Pentacrinus neocomiensis* bisher nicht beschrieben ist, so war in dieser Beziehung eine Vergleichung mit den Vorkommen der Schweiz u. s. w. unmöglich. Ich zweifle trotzdem nicht daran, dass die vorbeschriebene Form mit *Pentacrinus neocomiensis* identisch ist, da in Bezug auf die Stengelglieder eine Uebereinstimmung bis in's kleinste Detail stattfindet.

Vorkommen: Tönsberg, Eheberg.

Sonstiges Vorkommen: Unteres, mittleres und oberes Neocom der Schweiz.

VIII. Anthozoa.

Micrabacia? sp.

Wegen des schlechten Erhaltungszustandes lässt sich die Gattung nicht mit Bestimmtheit feststellen. Der einfache Polypenstock scheint frei gewesen zu sein. Vier Cyclen von geraden Septen sind in 6 Systemen vollständig entwickelt, der erste und zweite Cyclus gleich gross, die beiden anderen nach ihrer Ordnung an Grösse abnehmend. Durchmesser des Kelches 7 mm.

Die bisher bekannten Micrabacien unterscheiden sich von den vorliegenden Exemplaren durch die grössere Anzahl der Septen.

Vorkommen: Tönsberg bei Oerlinghausen.

Uebersicht
über die Verbreitung der auch anderweitig vorkommenden Arten.

	Neocom			Aptien	Lowergreen-sand	Ellipuerbriek-schicht	Hils-bildungen
	Unteres	Mittleres	Oberes				
Nautilus plicatus	(+)			+	+		
„ *pseudoelegans*		+			+		
„ *neocomiensis*		+			+		
Ammonites inverselobatus							+
„ *bidichotomus*	+	+					+
„ *Grotriani*							+
„ *Carteroni*		+					+
„ *Phillipsi*							+
Crioceras capricornu							+
„ *Seeleyi*							+
„ *Roemeri*							+
Baculites neocomiensis	+						
Actaeonina Icaunensis	+						
Actaeon marullensis		+					
Aporrhais acuta		+					
Pterocera Moreausiana	+	+					
Pleurotomaria Anstedi				+	+		
Dentalium valangiense	+						
Pholadomya alternans							+
„ *gigantea*	+	+	+	+			
Goniomya caudata	+	+	+				
„ *Villersensis*	+						
Panopaea irregularis		+					
„ *Dupiniana*	+	+					

	Neocom			Aptien	Lewegreen-sand	Ellgserbrick-schicht	Hils-bildungen
	Unteres	Mittleres	Oberes				
Panopaea neocomiensis	+	+	+	+			
cylindrica		+					
lateralis		+					
Thracia neocomiensis		+					
Tellina Carteroni		+	+		+		
Thetis minor				+	+		+ ?
Renevieri		+					
Astarte numismalis		+					
Lucina Sanctae Crucis				+			
Cardium Cottoldinum	+	+			+		
Trigonia scapha	+	+					
Leda scapha	+			+	+		
Nucula planata		+		+	+		
Arca Raulini	+	+					
Mytilus simplex	+	+	+	+	+		
pulcherrimus						+	+
Pinna Robinaldina	+	+	+				+
Perna Mulleti	+	+	+	+ ?	+ ?	+	+
Avicula Cornueliana		+			+	+	+
Lima Dupiniana		+					
Cottaldina				+	+		+
Pecten crassitesta		+					+
striatopunctatus				+		+	+
Robinaldinus	+	+	+	+			
Janira atava		+	+		+		+
Ostrea rectangularis		+	+		+	+	+
macroptera				+	+		
Couloni	+	+	+	+	+	+	+
spiralis	+	+	+	+	+	+	+
Lingula truncata					+		
Rhynchonella multiformis	(+)	+	(+)		+	+	+
Terebratula pseudojurensis	+	+			+		
hippopus		+					+
faba		+					+
Moutoniana	+	+	+		+	+	+
sella	+	+	+	+	+	+	+
Credneri							+
Serpula Phillipsii							+
articulata					+		+
Cidaris punctata		+				+	+
Phyllobrissus Gresslyi		+					
Collyrites ovulum		+					
Echinospatangus cordiformis	+	+					
Pentacrinus neocomiensis	+	+	+				

Schluss.

Bei der Vergleichung der Petrefacten des Neocomsandsteins mit denen anderer Localitäten, insbesondere mit denen der Schweiz und Frankreich's, hat sich in vielen Fällen eine vollkommene Identität der Formen herausgestellt, in anderen Fällen ergab sich eine bald mehr, bald weniger grosse Uebereinstimmung hier vorkommender Arten mit solchen des Neocom, vorzüglich des mittleren Neocom der Marnes d'Hauterive. Schienen mir die beobachteten Verschiedenheiten unwesentlich zu sein, so habe ich die hiesige Art mit dem Namen der betreffenden Art des Neocom bezeichnet, waren sie erheblicher, so habe ich das durch ein beigefügtes cf. angedeutet. In fast allen solchen zweifelhaften Fällen waren es aber nur Arten des mittleren Neocom, die in Frage kamen. Aus solchen etwas abweichenden Formen neue Arten zu machen, schien mir aus mehreren Gründen nicht angezeigt zu sein. Einerseits war das mir zu Gebote stehende Vergleichungsmaterial nur gering, in den meisten Fällen war ich bei der Untersuchung auf Beschreibungen und Abbildungen angewiesen, und es ist nicht unwahrscheinlich, dass bei Zuziehung eines umfangreicheren Vergleichsmaterials sich in manchen Fällen Formen gefunden haben würden, welche den hiesigen näher gekommen wären, als den Abbildungen der Typen. Lehrreich ist mir in dieser Beziehung eine Mittheilung des Herrn P. DE LORIOL gewesen, welcher die Güte gehabt hat, die Echiniden unseres Vorkommens mit denen der Schweiz zu vergleichen. Derselbe schreibt mir über die ihm übersandten Exemplare der oben als *Echinospatagus cordiformis* beschriebenen Art, welche von allen Abbildungen französischer und schweizer Formen nicht unerheblich abweichen: Au premier abord ces échantillons paraissent différer assez du type de *Toxaster complanatus* Ag. en ce que leur face supérieure est plus renflée, moins déclive en avant et leur sommet ambulacraire un peu moins excentrique en arrière. Cependant en les comparant avec de nombreuses échantillons je trouve qu'ils se rattachent certainement aux diverses variétés de *Toxaster complanatus* u. s. w. Aehnlich verhält es sich sicher auch in anderen Fällen, wenn es mir auch nicht möglich gewesen ist, jedesmal den erschöpfenden Nachweis zu liefern.

Sodann aber erscheint es bei der räumlichen Trennung der beiden Neocomablagerungen nicht wunderbar, dass unter abweichenden localen und klimatischen Verhältnissen dieselbe Art sich in etwas verschiedener Weise entwickelt hat. Deshalb glaube ich, dass es richtig ist, diejenigen Arten des Neocomsandsteins, welche mit gewissen Arten des Neocom bis auf unbedeutende Verschiedenheiten übereinstimmen, als stellvertretende Formen, nicht aber als neue Arten aufzufassen.

Von den 134 besprochenen Species des Neocomsandsteins sind bereits 78 von anderen Localitäten bekannt und beschrieben, darunter sind die unmittelbar vorher erwähnten stellvertretenden Formen und diejenigen, deren Bestimmung nicht ganz sicher ist, mit einbegriffen. 56 Arten sind noch nicht bekannt, und dürften, wenn auch die eine oder andere von ihnen in den Hilsbildungen Braunschweig's und Hannover's vorkommen wird, zum grössten Theile dem Neocomsandstein eigenthümlich sein.

In der obenstehenden Tabelle habe ich eine vergleichende Uebersicht über das Vorkommen der bekannten Arten gegeben. Dem Hilsthon des Elligserbrinks habe ich darin eine besondere Rubrik eingeräumt, weil für diese Localität ein vollständiges Verzeichniss der vorgekommenen Petrefacten vorliegt (BÖHM, Beiträge zur geognostischen Kenntniss der Hilsmulde. Zeitschrift d. deutschen geol. Gesellschaft 1877 pag. 223). Während die Tabelle im Uebrigen das Vorkommen der betreffenden Arten ziemlich vollständig angeben dürfte, ist sie jedenfalls unvollständig in Bezug auf die übrigen norddeutschen Hilsbildungen, deren organische Einschlüsse bekanntlich bisher nur theilweise einer erschöpfenden Bearbeitung unterzogen und deshalb noch nicht ausreichend bekannt geworden sind. In mehreren Sammlungen von Neocompetrefacten aus Hannover und Braunschweig habe ich Arten gesehen, die bis jetzt in der Literatur von dort nicht aufgeführt sind und die auch im Neocomsandstein des Teutoburger Waldes vorkommen. Es steht deshalb ausser Frage, dass manche der vorher beschriebenen Arten in den übrigen norddeutschen Hilsbildungen vertreten sind, ohne dass in der tabellarischen Zusammenstellung davon Notiz genommen werden konnte.

Aus der Tabelle ergibt sich, dass von 68 bekannten Arten 27 im unteren Neocom oder Valangien vorkommen. Fast alle diese Arten reichen in die nächst höhere Abtheilung, in das mittlere Neocom hinüber, nur vier: *Baculites neocomiensis*, *Acteonina Icaunensis*, *Dentalium valangiense* und *Goniomya Villersensia* sind auf das untere beschränkt, und von diesen sind noch dazu die beiden letzteren unsichere Arten. Weiter ergiebt sich, dass aus dem mittleren Neocom 45 Arten vertreten sind, die fast sämmtlich aus den Marnes d'Hauterive citirt werden. Von diesen 45 Arten gehen 16 in das obere Neocom bez. Urgon über, während Formen, die auf das Letztere beschränkt sind, nicht vorkommen. Endlich finden sich 18 Arten des Aptien, von

10*

donen indessen 12 bereits im Neocom auftreten und nur 6 dem Aptien ausschliesslich angehören. Es sind das: *Pleurotomaria Anstedi*, *Thetis minor*, *Lucina Sanctae Crucis*, *Lima Cottaldina*, *Pecten striatopunctatus* und *Ostrea macroptera*. Dabei ist dem Vorkommen von *Thetis minor* und *Pecten striatopunctatus* insofern ein besonderes Gewicht beizulegen, als diese beiden Petrefacten, deren specifische Stellung unzweifelhaft ist, zu den am häufigsten im Neocomsandstein vorkommenden Arten gehören. *Thetis minor* ist bei Weitem das gemeinste Fossil. Aus dem Lowergreensand sind nur 21 von den Formen des Neocomsandsteins bekannt, von diesen kommen 16 auch im Neocom bez. Aptien vor. 30 Arten finden sich in den übrigen norddeutschen Hilsbildungen, diese Zahl ist aber, wie oben ausgeführt wurde, jedenfalls zu niedrig. Von jenen 30 gemeinsamen Arten enthält der Hilsthon des Elligserbrinks nur 10. Diese kleine Zahl verdient insofern Beachtung, als dieselbe nicht geeignet ist, die Ansicht von Strombeck's, welcher (a. a. O. Zeitschrift d. deutschen geol. Gesellschaft XIII. pag. 22) annimmt, dass die Elligserbrink-Schicht unserem Neocomsandstein aequivalent ist, zu unterstützen. Ebensowenig dürfte nach dem Obigen die an derselben Stelle ausgesprochene Ansicht v. Strombeck's, dass der Neocomsandstein ein Aequivalent des Lowergreensand sei, in strengem Sinne aufrecht zu erhalten sein.

Der Schwerpunkt unserer Ablagerung fällt vielmehr offenbar in das mittlere Neocom, dem von 68 bekannten Arten 45. d. h. etwa ²/₃ angehören, ein Verhältniss, das sich noch günstiger gestaltet, wenn man die Formen nicht mit in Betracht zieht, welche im Neocom und Aptien überhaupt nicht vorkommen. Dann ergiebt sich, dass von 55 aus diesen beiden Etagen bekannten Petrefacten des Neocomsandsteins 45 dem mittleren Neocom angehören.

Danach kann es nicht zweifelhaft sein, dass der Neocomsandstein im Wesentlichen ein Aequivalent des mittleren Neocom, der Marnes d'Hauterive, darstellt, in dem freilich sehr viele von den aus der Schweiz und Frankreich bekannten Arten fehlen, und der an deren Stelle eine ziemlich grosse Anzahl eigenthümlicher, sonst nicht bekannter Formen enthält. Da indessen auch solche Arten darin enthalten sind, welche anderwärts auf das Valangien und Aptien beschränkt sind, so ist die Vermuthung nicht von der Hand zu weisen, dass auch diese Etagen im Neocomsandstein vertreten sind.[1])

Bis jetzt ist es bei der gleichförmigen petrographischen Beschaffenheit der Ablagerung und der Art des Abbau's unmöglich gewesen, dieselbe zu gliedern, Schichten mit einer eigenthümlichen Fauna darin nachzuweisen, wenn auch Anzeichen vorhanden sind, dass eine solche Sonderung in der That stattfindet und die Fossilien nicht regellos durch die ganze Masse des Sandsteins zerstreut vorkommen. So z. B. lieferte, wie

---

[1]) Erst nachdem die vorliegende Arbeit abgeschlossen war, kam dem Verfasser Keeping's „Fossils and palaeontological affinities of the neocomian deposits of Upware and Brickhill" zu Händen; das Werk hat deshalb nur noch in beschränktem Masse benutzt werden können. Keeping sagt pag. 72: „The great series of brownish yellow sandstone of the Teutoburger Wald near Bielefeld shows no special palaeontological affinity to our upper neocomian (Lowergreensand) sands." Das bestätigt sich vollkommen. Bei genauer Durchsicht der Keeping'schen Beschreibungen finde ich nur die folgenden Arten, welche sich theils mit Sicherheit, theils mit Wahrscheinlichkeit auf Arten des Teutoburger Waldes beziehen lassen:

Belemnites pistilliformis Blainv.
Belemnites subquadratus Roemer.
Ostrea Couloni d'Orb.
Ostrea frons var. *macroptera* Sow.
Pecten (Janira) atava Roemer.
Avicula Cornueliana d'Orb.
Pinna Robinaldina d'Orb.
Serpula articulata Sow.
Vermicularia Phillipsii Roemer.
Cidaris n. sp. (cf. *Fribourgensis* de Loriol).

Von diesen wenigen Arten sind mehrere unsicher und der kleine Rest besteht aus solchen, die an kein bestimmtes Niveau gebunden sind. Es wird danach nicht bezweifelt werden können, dass die Ablagerungen von Upware und Brickhill jünger sind als die des Teutoburger Waldes.

schon im Eingange erwähnt wurde, der Steinbruch am Barenberge bei Borgholzhausen zur Zeit, als F. Roemer ihn besuchte, eine grosse Reihe verschiedener Species; in den Schichten, welche gegenwärtig in Angriff genommen sind — dieselben liegen weiter nach Süden — kommt keine einzige dieser Arten mehr vor, dagegen wimmelt es in denselben von Austern und Brachiopoden. Dasselbe häufige und ausschliessliche Vorkommen dieser Arten wurde auch an anderen Punkten beobachtet, so dass es den Anschein gewinnt, dass diese Austernbank einen bestimmten Horizont im Neocomsandstein bildet. Ebenso scheinen *Lima Ferdinandi* und *Perna Mulleti* an eine bestimmte Schicht gebunden zu sein, wenigstens habe ich dieselbe in manchen Steinbrüchen jahrelang vergeblich gesucht, und später, wenn der Steinbruchbetrieb weiter vorgeschritten war, traten sie plötzlich in grosser Masse auf. Ferner kommen die im Eingange erwähnten petrefactenreichen Knollen nur in einer beschränkten Zahl von Steinbrüchen vor, was gleichfalls vermuthen lässt, dass sie einer besonderen, eben dort aufgeschlossenen Schicht angehören. Endlich dürfte in dieser Hinsicht zu erwähnen sein, dass die Steinbrüche im Hüls bei Hilter durch das zahlreiche Vorkommen evoluter Ammonitiden *(Crioceras, Ancyloceras)* ausgezeichnet sind, welche an anderen Punkten nur vereinzelt auftreten. Das legt die Annahme einer besonderen Ancylocerenbank nahe, wenn man es nicht vorzieht, dieses Vorkommen als durch locale Verhältnisse bedingt zu erklären.

Wenn es nun vielleicht späterhin möglich sein wird, eine Gliederung des Neocomsandsteins durchzuführen, so kann doch schon heute mit Bestimmtheit behauptet werden, dass die betreffenden Glieder dem unteren, mittleren und oberen Neocom und dem Aptien nicht entsprechen werden. Das Vorkommen von *Thetis minor* könnte beispielsweise zu der Vermuthung führen, dass die oberen Schichten des Neocomsandsteins möglicherweise dem Aptien entsprächen; damit steht aber der Umstand in directem Widerspruch, dass *Thetis minor* nicht nur mit zahlreichen Arten des mittleren Neocom, sondern am Hohnsberge bei Iburg sogar mit solchen des unteren zusammen vorkommt: *Baculites neocomiensis*, *Ammonites bidichotomus* und *Thetis minor* stecken dort häufig in demselben Handstücke.

Danach scheint die Annahme die grösste Wahrscheinlichkeit für sich zu haben, dass der Neocomsandstein in seiner ganzen Ausdehnung dem mittleren Neocom entspricht, dass aber in dem Meere, aus welchem derselbe abgelagert wurde, noch einige Formen des unteren Neocom fortlebten, nachdem dieselben in der Schweiz und Frankreich bereits ausgestorben waren, und dass ferner einige andere Arten, die bei uns schon zur Zeit des mittleren Neocoms lebten, in Frankreich und der Schweiz erst einwanderten, nachdem bereits das ganze Neocom zur Ablagerung gekommen und das Aptien in der Bildung begriffen war.

Erklärung der Tafel I.

Fig. 1 a, b. *Nautilus hilseanus* n. sp. Kleines Exemplar. Tönsberg bei Oerlinghausen pag. 9.

Fig. 2. *Nautilus hilseanus* n. sp. Kammerscheidewand eines grösseren Exemplars. Ebendaher. pag. 9.

Fig. 3 a, b. *Ammonites (Olcostephanus) Decheni* ROEMER. Wohnkammer. Tönsberg. pag. 10.

Fig. 4 a, b. *Ammonites (Olcostephanus) inverselobatus* NEUM. u. UHLIG. Junges, bis an's Ende gekammertes Exemplar. Tönsberg. pag. 11.

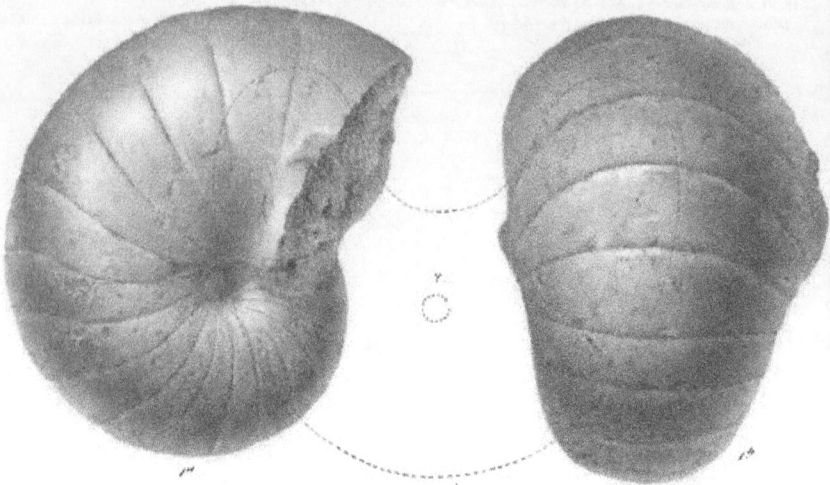

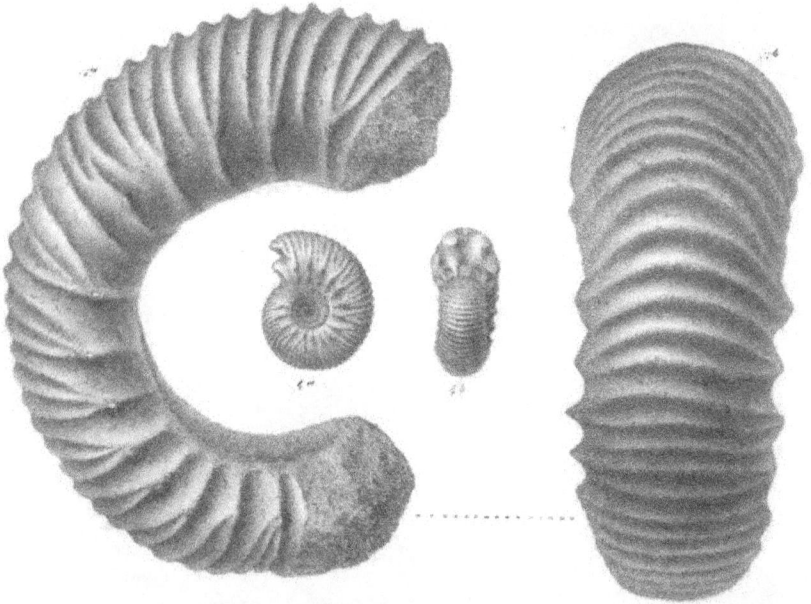

N.Putz. jez.u.lith.

Druck v.A.Renard.

Palaeontologische Abhandlungen
herausgegeben von W. Dames und E. Kayser.
Band II. Tafel I.
Verlag von G.Reimer in Berlin.

Erklärung der Tafel II.

Fig. 1. *Ammonites (Olcostephanus) Decheni* ROEMER. Tönsberg. pag. 10.

Fig. 2a, b. *Ammonites (Olcostephanus) inversolobatus* NEUM. u. UHLIG. Die Figur zeigt — freilich nur undeutlich — den vierspitzigen oberen Laterallobus. Tönsberg. pag. 11.

Fig. 3. *Ammonites (Olcostephanus)* cf. *inversolobatus* NEUM. u. UHLIG. Lobenlinie eines grossen Exemplars. Tönsberg. pag. 11.

Fig. 4a, b, c. *Ammonites (Olcostephanus) Hosii* n. sp. Bis an's Ende gekammert. c Lobenlinie eines grösseren Exemplars. Tönsberg. pag. 12.

Fig. 5. *Ammonites (Olcostephanus) Picteti* n. sp. Abbildung nach einem Gypsabdruck. Die Knoten sind nicht scharf genug ausgeprägt. Tönsberg. pag. 12.

Fig. 6a, b. *Ammonites (Olcostephanus) Picteti* n. sp. Tönsberg. pag. 12.

Fig. 7a, b. *Ammonites (Olcostephanus) nodocinctus* n. sp. Die inneren Windungen sind nach dem Abdruck aus Gyps hergestellt. Tönsberg. pag. 15.

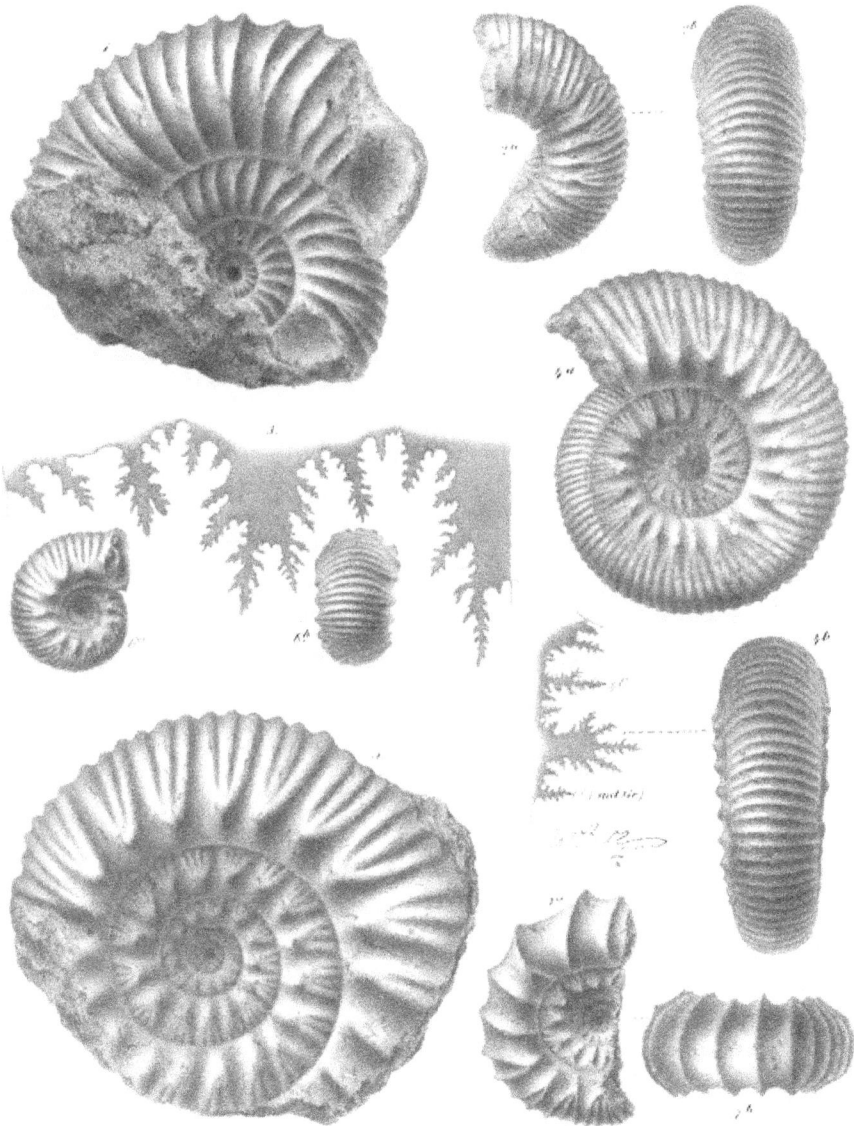

Palaeontologische Abhandlungen
herausgegeben von W. Dames und E. Kayser.
Band II. Tafel II.
Verlag von G. Reimer in Berlin

Erklärung der Tafel III.

Fig. 1a, b. *Ammonites (Olcostephanus) Arminius* n. sp. Wohnkammer. Tönsberg. Die Rippen sind auf der Externseite des vorderen Theils der letzten Windung abgerieben. pag. 14.

Fig. 2. *Ammonites (Olcostephanus) Arminius* n. sp. Bruchstück der Wohnkammer. Tönsberg. Die Rippen auf der Externseite des vorderen Theils der letzten Windung sind gut erhalten. pag. 14.

Fig. 3a, b. *Ammonites (Olcostephanus) lippiacus* n. sp. Ein Theil der Wohnkammer ist erhalten. Tönsberg. pag. 13.

Fig. 4a, b, c. *Ammonites (Olcostephanus)* cf. *Grotriani* NEUM. u. UHLIG. Fast bis ans Ende gekammert. Tönsberg. pag. 17.

Fig. 5. 6. *Baculites neocomiensis* D'ORB. Hohnaberg bei Iburg. pag. 25.

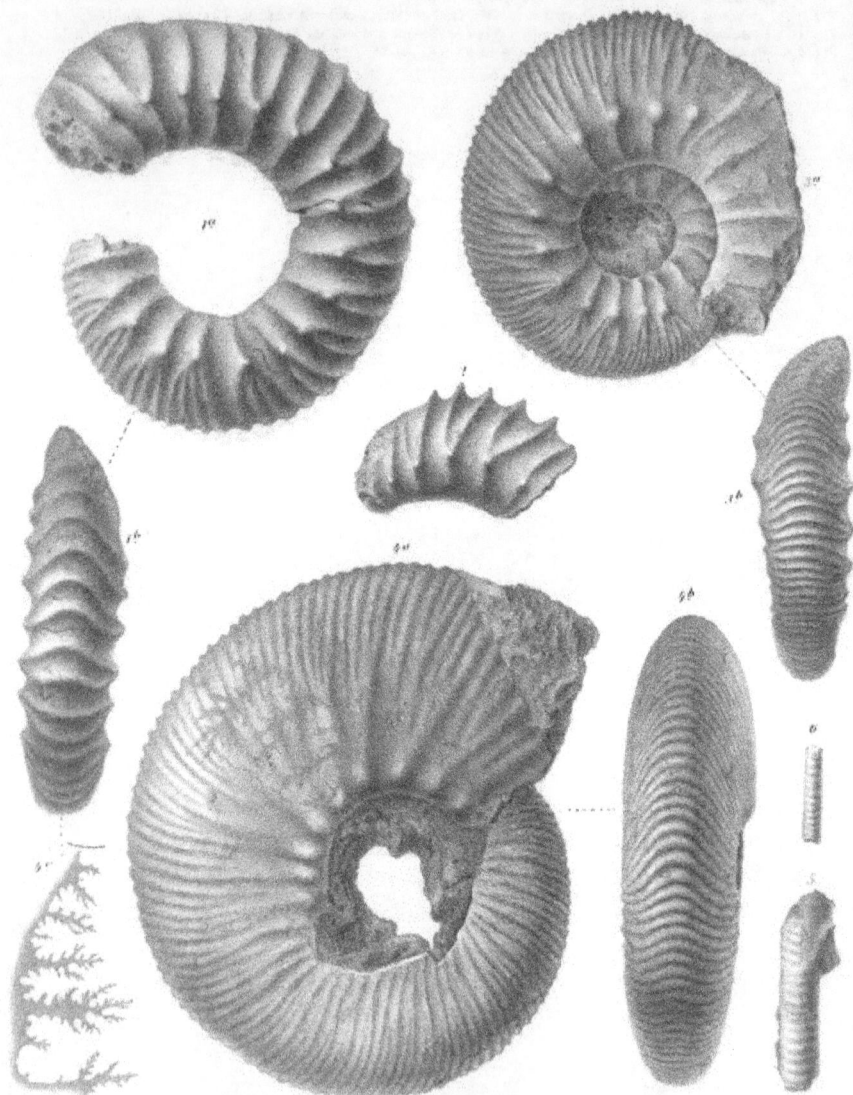

Palaeontologische Abhandlungen
herausgegeben von W. Dames und E. Kayser.
Band II. Tafel III.
Verlag von G. Reimer in Berlin.

Erklärung der Tafel IV.

Fig. 1 a, b, c. *Ammonites (Lytoceras) Seebachi* n. sp. Die inneren Windungen sind nach dem Abdruck aus Gyps hergestellt, daher erscheinen die Knoten weniger hoch, als sie in Wirklichkeit gewesen sind. Tönsberg. pag. 20.

Fig. 2 a, b. *Ammonites (Olcostephanus?) Phillipsii* Roemer. Tönsberg bei Wistinghausen. pag. 17.

Fig. 3. *Ammonites (Olcostephanus?) Phillipsii* Roemer. Loben eines grösseren Exemplars. Tönsberg. pag. 17.

Fig. 4 a, b. *Ammonites (Olcostephanus) Tönsbergensis* n. sp. Wohnkammer mit einem Theil der inneren Windungen. Tönsberg bei Wistinghausen. pag. 16.

Fig. 5 a, b. *Ammonites (Olcostephanus) Tönsbergensis* n. sp. Wohnkammer. Etwas aufgeblasenere Form. Tönsberg bei Oerlinghausen. pag. 16.

Fig. 6. *Ammonites (Olcostephanus) Tönsbergensis* n. sp. Bruchstück eines grösseren Exemplars. Tönsberg. pag. 16.

Fig. 7. *Ammonites (Hoplites) Ebergensis* n. sp. Eheberg. pag. 21.

Das Original zu Fig. 1 befindet sich in der Sammlung des Herrn Oberförster Wagner in Langenholzhausen.

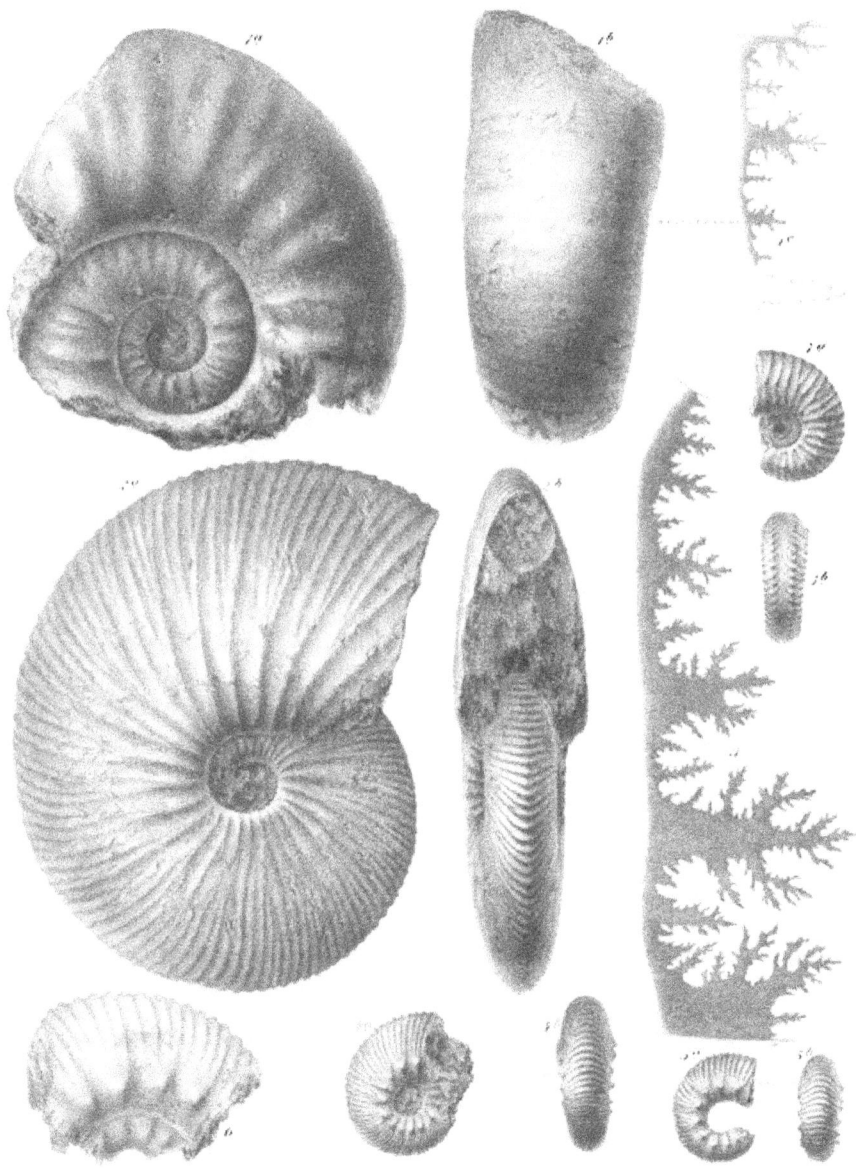

Palaeontologische Abhandlungen
herausgegeben von W. Dames und E. Kayser.
Band II. Tafel IV.
Verlag von G. Reimer in Berlin.

Erklärung der Tafel V.

Fig. 1 a, b. *Ammonites (Hoplites) Teutoburgiensis* n. sp. Die inneren Windungen sind nach dem Abdruck aus Gyps hergestellt, die Sculptur derselben ist deshalb nicht ganz scharf. Tönsberg. pag. 20.

Fig. 2. *Ammonites (Olcostephanus) alticostatus* n. sp. Die inneren Windungen sind zwar aus Gyps hergestellt, geben aber ein treues Bild des Abdrucks. Tönsberg. pag. 15.

Fig. 3 a, b. *Ammonites (Olcostephanus) lippiacus* n. sp. var. Tönsberg. pag. 13.

Fig. 4 a, b. *Ammonites (Hoplites)* cf. *oxygonius* Neum. u. Uhlig. Eheberg. pag. 22.

Fig. 5. *Ammonites (Hoplites) bivergatus* n. sp. Abbildung nach einem Gypsabdruck. Tönsberg bei Oerlinghausen. pag. 21.

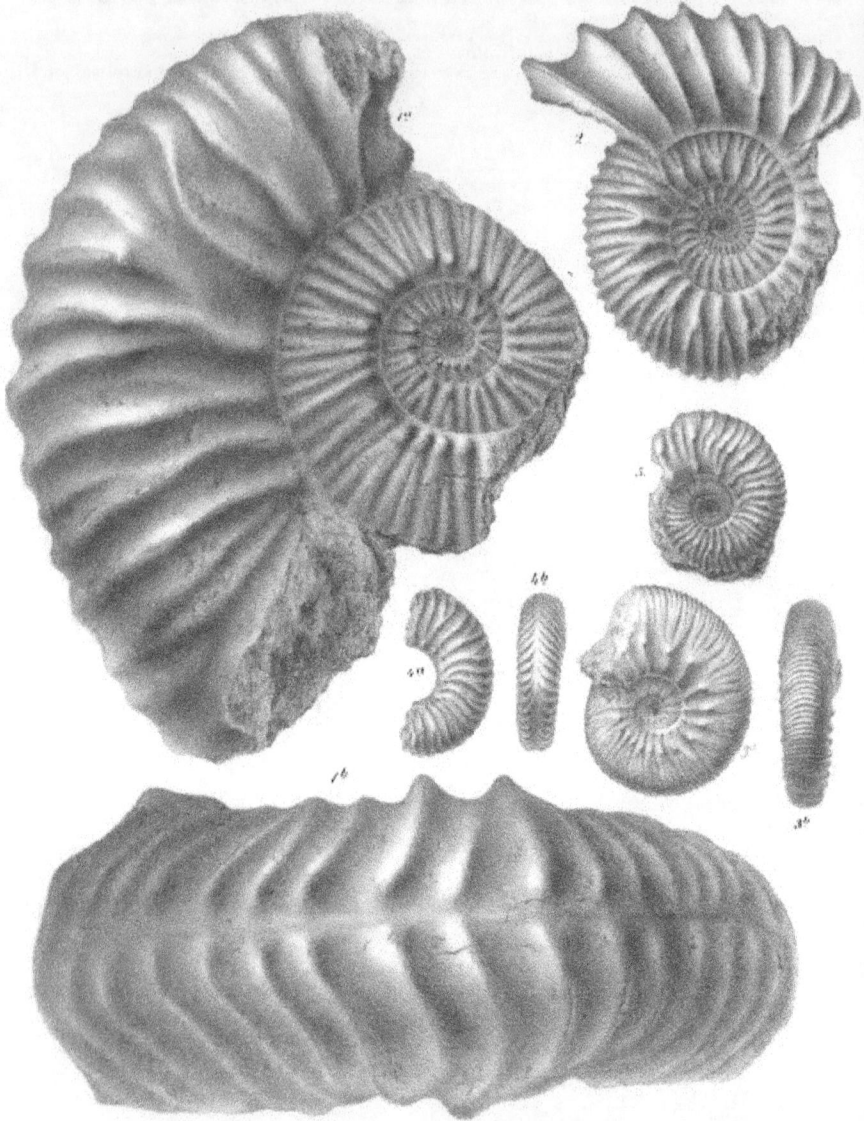

Palaeontologische Abhandlungen
herausgegeben von W. Dames und E. Kayser.
Band II. Tafel V
Verlag von G.Reimer in Berlin.

Erklärung der Tafel VI.

Fig. 1 a, b. *Ammonites (Perisphinctes) Neumayri* n. sp. Bis an's Ende gekammerter Steinkern. Tönsberg. pag. 19.

Fig. 2. *Ammonites (Perisphinctes) Iburgensis* n. sp. Dörenberg bei Iburg. pag. 19.

Fig. 3 a, b. *Ammonites (Olcostephanus) Oerlinghusanus* n. sp. Aufgeblasene Form. Tönsberg bei Oerlinghausen. pag. 18.

Fig. 4 a, b. *Ammonites (Olcostephanus) Oerlinghusanus* n. sp. Comprimirte Form. Tönsberg. pag. 18.

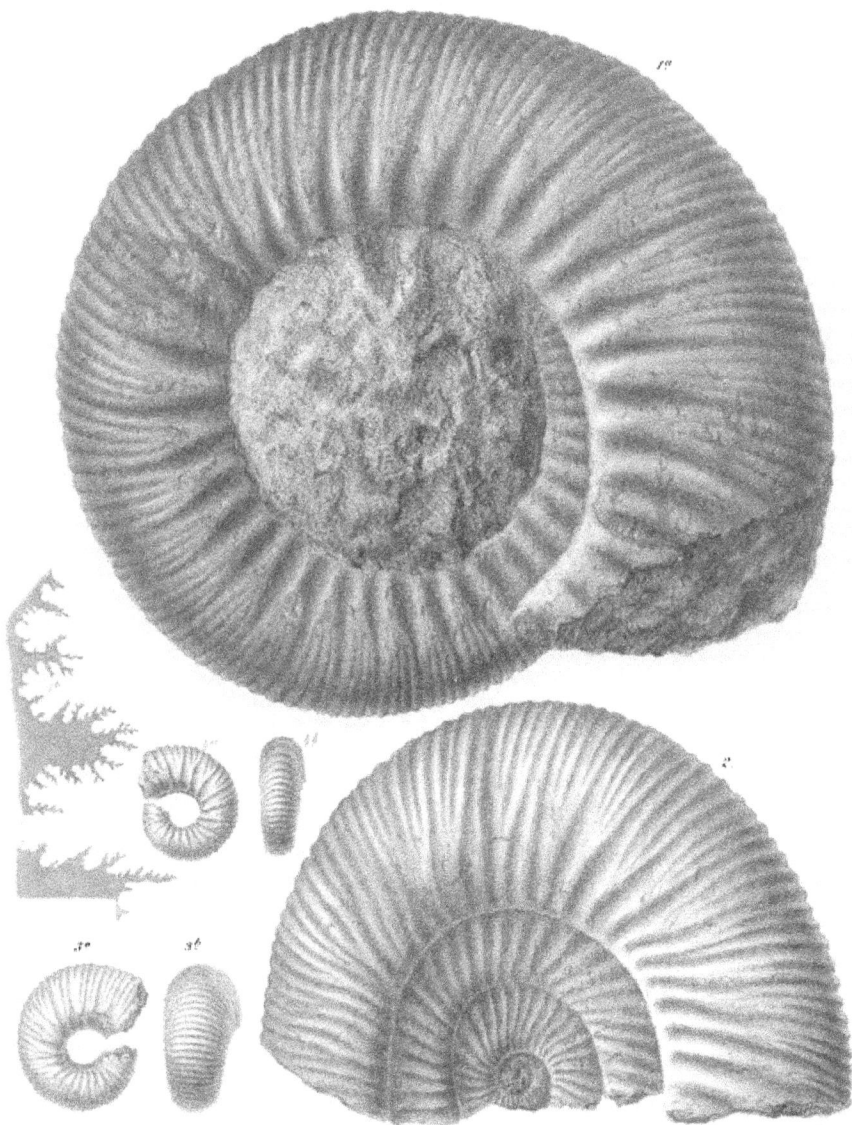

Palaeontologische Abhandlungen
herausgegeben von W. Dames und E. Kayser.
Band II. Tafel VI.
Verlag von G Reimer in Berlin.

Erklärung der Tafel VII.

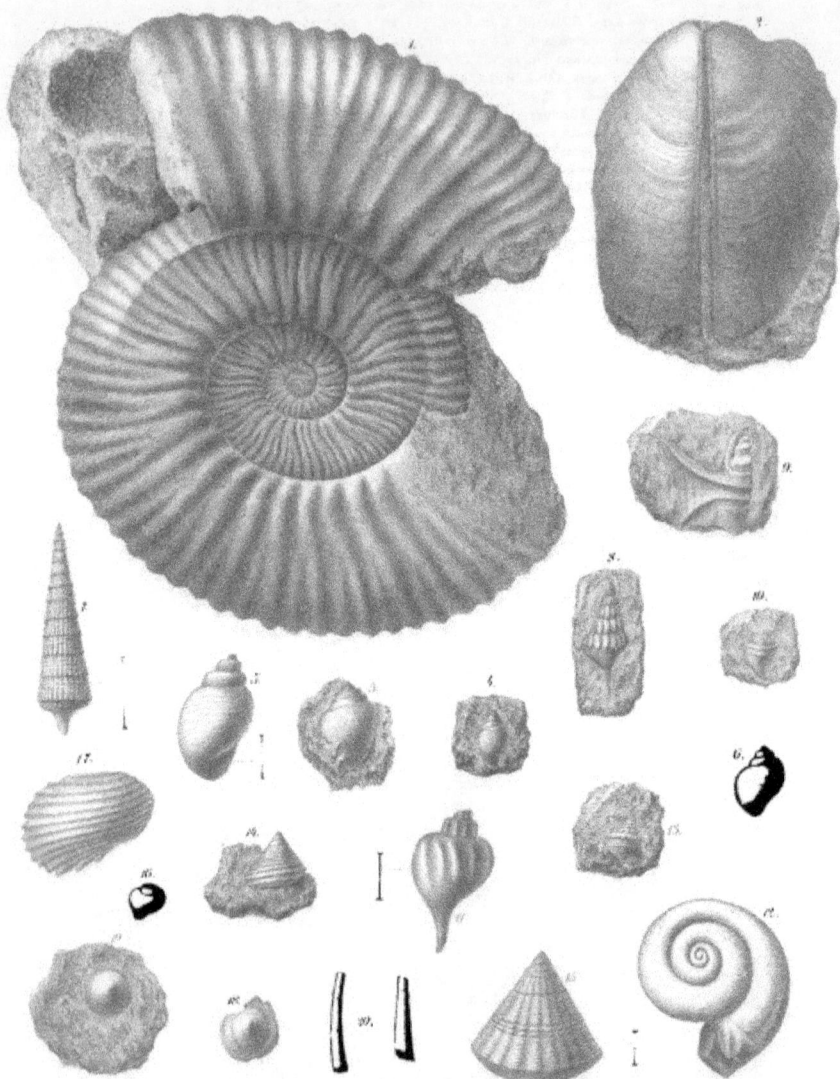

W.Patz gez.u.lith.

Druck v.A.Brauns.

Palaeontologische Abhandlungen
herausgegeben von W. Dames und E. Kayser.
Band II. Tafel VII.
Verlag von G.Reimer in Berlin

Erklärung der Tafel VIII.

Fig. 1a, b. *Pholadomya alternans* ROEMER. Aus dem Eisenstein von Grävinghagen. pag. 34.
Fig. 2a, b. *Pholadomya* cf. *gigantea* SOW. Grosse Egge bei Halle. pag. 34.
Fig. 3. *Pholadomya* cf. *gigantea* SOW. Hünenburg bei Bielefeld. pag. 34.
Fig. 4a, b. *Pholadomya Möschii* n. sp. Unvollständig erhaltenes Exemplar vom Tönsberge. pag. 35.
Fig. 5. *Goniomya caudata* AG. Lämmershagen. pag. 35.
Fig. 6. *Goniomya* cf. *Villersensis* PICTET u. CAMP. Tönsberg. pag. 36.
Fig. 7a, b. *Panopaea neocomiensis* D'ORB. Tönsberg bei Wistinghausen. pag. 37.
Fig. 8a, b. *Panopaea cylindrica* PICTET u. CAMP. Tönsberg. pag. 38.
Fig. 9. *Panopaea Teutoburgiensis* n. sp. Eheberg. pag. 39.
Fig. 10. *Thracia striata* n. sp. Tönsberg. pag. 40.
Fig. 11a, b. *Thracia Teutoburgiensis* n. sp. Tönsberg. pag. 39.
Fig. 12a, b. *Thracia* cf. *neocomiensis* (D'ORB.) PICTET u. CAMP. Hohnsberg. pag. 40.
Fig. 13a, b, c. *Venus neocomiensis* n. sp. Lämmershagen. pag. 41.
Fig. 14. *Lucina* cf. *Sanctae Crucis* PICTET u. CAMP. Lämmershagen. Mit erhaltener concentrischer Streifung. pag. 44.
Fig. 15. *Lucina* cf. *Sanctae Crucis* PICTET u. CAMP. Lämmershagen. Glatter Steinkern. pag. 44.

Das Original zu Fig. 2 befindet sich in der Sammlung der kgl. Geologischen Landesanstalt und Bergakademie zu Berlin.

Palaeontologische Abhandlungen
herausgegeben von W. Dames und E. Kayser.
Band I. Tafel VIII.
Verlag von G. Reimer in Berlin.

Erklärung der Tafel IX.

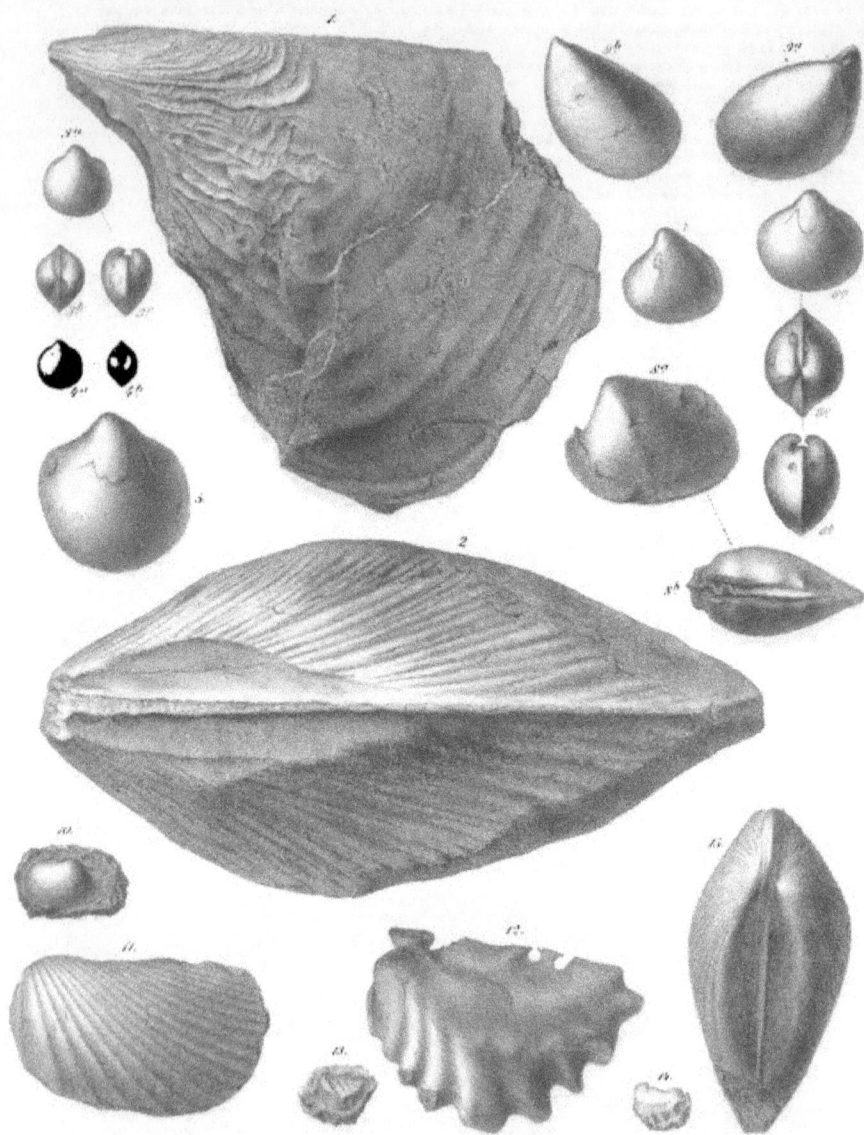

Palaeontologische Abhandlungen
herausgegeben von W. Dames und E. Kayser.
Band II. Tafel IX.
Verlag von G. Reimer in Berlin.

Erklärung der Tafel X.

Fig. 1. *Inoceramus Schlüteri* n. sp. Tönsberg. pag. 49.

Fig. 2. *Inoceramus Schlüteri* n. sp. Vorderansicht eines anderen Exemplars. Tönsberg. pag. 49.

Fig. 3. *Lima Ferdinandi* n. sp. Grosse Egge bei Halle. pag. 52.

Fig. 4. *Lima Tönsbergensis* n. sp. Tönsberg. pag. 51.

Fig. 5. *Lima* cf. *Dupiniana* d'Orb. Lämmershagen. pag. 51.

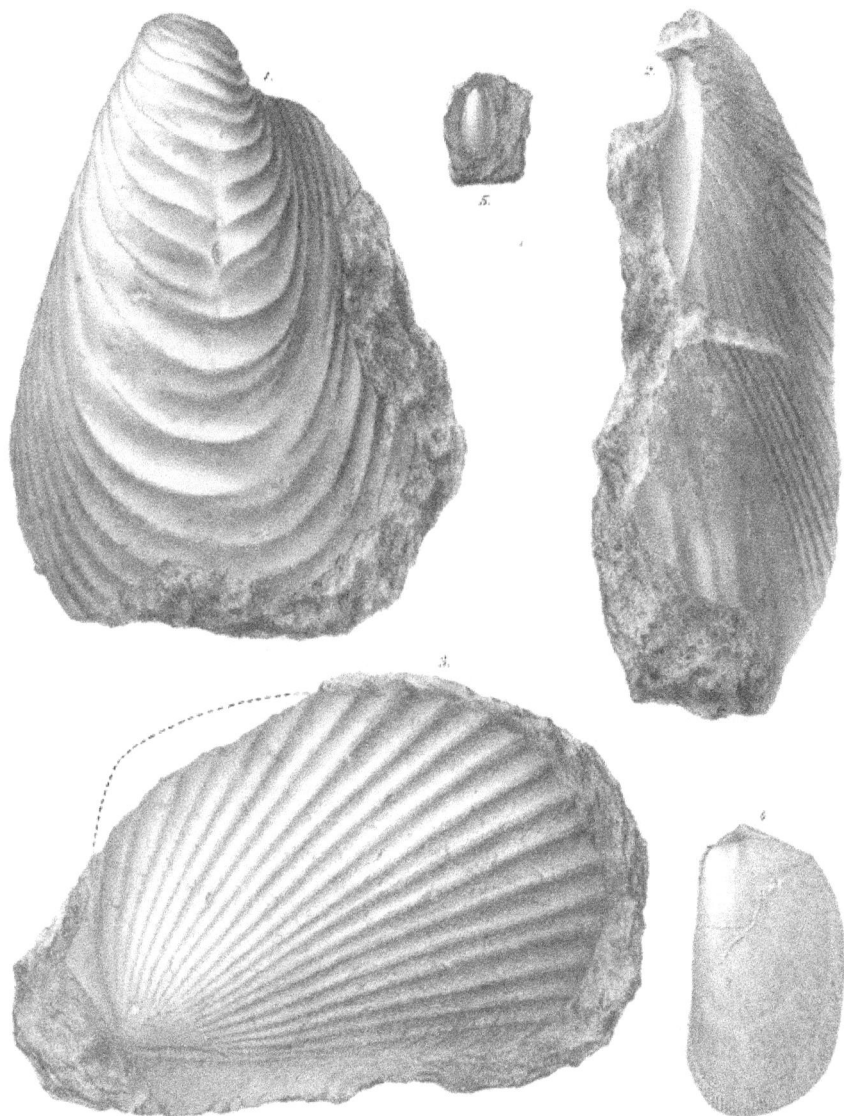

Palaeontologische Abhandlungen
herausgegeben von W. Dames und E. Kayser.
Band II. Tafel X.
Verlag von G. Reimer in Berlin.

Erklärung der Tafel XI.

Die Originale zu den Figuren 2, 3 und 15 befinden sich in der Sammlung der Akademie zu Münster.

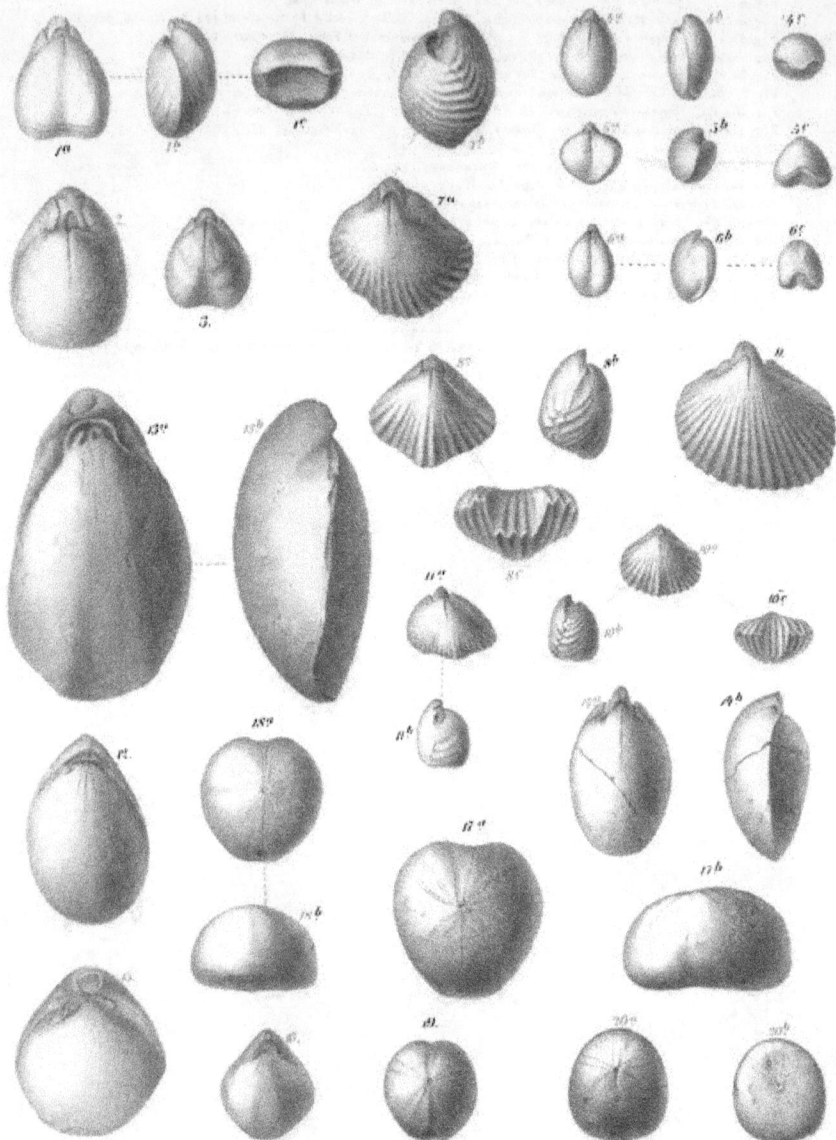

Palaeontologische Abhandlungen
herausgegeben von W. Dames und E. Kayser.
Band E. Tafel XI.
Verlag von G. Reimer in Berlin.